Marco Tamborini

Entgrenzung

Die Biologisierung der Technik und die
Technisierung der Biologie

Meiner

Für Jonathan und Verena

~

Bibliographische Information der Deutschen Nationalbibliothek

Die Deutsche Nationalbibliothek verzeichnet diese Publikation in der
Deutschen Nationalbibliographie; detaillierte bibliographische
Daten sind im Internet über ‹http://portal.dnb.de› abrufbar.

ISBN 978-978-3-7873-4254-9
ISBN eBook 978-3-7873-4255-6

INHALT

EINLEITUNG

Die architektonische und ingenieurtechnische Herstellung komplexer Formen wird heute mehr denn je durch das Studium organischer Formen beeinflusst. Mit Hilfe von Robotik und 3D-Druckern lässt sich die Industrie des 21. Jahrhunderts von den organischen Formen der Natur inspirieren und geht den Geheimnissen ihrer Entwicklung und Funktion auf den Grund, um neue Materialien zu schaffen. Das US-Softwareunternehmen Autodesk arbeitete beispielsweise mit dem europäischen Konzern Airbus zusammen, um Flugzeuge zu entwerfen, die weniger wiegen und damit Treibstoff sparen. Dafür scannten sie die Struktur der Blattfäden der riesigen dänischen Seerose. Anhand des Verständnisses der Struktur der Blätter waren sie in der Lage, Materialien zu entwickeln, die die innere Struktur eines Flugzeugs neu gestalteten.

Ein weiteres Beispiel für die Beeinflussung organischer Form im Bereich des Designs ist der interessante Mechanismus, aber auch das Material des Kiefernzapfens zur Herstellung von Fenstern und Rollläden. Ist der Zapfen in trockenem Klima geschlossen, öffnet er sich in feuchter Umgebung. Diese Abhängigkeit der Form von der Veränderung der Luftfeuchtigkeit machten sich die Architekt:innen um Achim Menges zunutze und übertrugen diesen Mechanismus auf die Produktion von Architekturdesign. Das Ziel war es, völlig autonome Wohnungen zu schaffen, die in der Lage sind, Fenster oder Rollläden mit Hilfe von Mechanismen zu öffnen oder zu schließen, die dem Material selbst innewohnen. Diese Materialien bieten dann wichtige Anhaltspunkte, um zu verstehen, wie die organische Form – die der Kiefernzapfen – mit der Zeit die ihr eigene Gestalt und Funktion angenommen hat.

Es zeigt sich ein kontinuierlicher Kreislaufprozess der Verschmelzung von Technischem und Biologischem, der die Grenze zwischen Lebendigem und Technischem aufhebt: Wir treten in eine Ära der Biologisierung der Technik und der Technisierung der Biologie ein. Diesem allgemeinen Trend entsprechend wurden in den letzten Jahren deutschlandweit mehrere interdisziplinäre

Exzellenz-Cluster[1] eingerichtet, die sich der Untersuchung gerade jener enigmatischen Strukturen der Formveränderung widmen.

In all diesen Fällen haben Wissensproduktion, Produktdesign und Produktherstellung ihren Ausgangspunkt in morphologischen Konzepten und Praktiken, die auf einer sehr langen Geschichte der Formforschung basieren. Beginnend bei Johann Wolfgang von Goethes Form-Untersuchungen ziehen sie sich durch das gesamte 19. und 20. Jahrhundert hindurch.

Dieses Buch erzählt von den Begegnungen zwischen dem Studium biologischer und der Produktion technischer und architektonischer Formen. Begegnungen, die von der Überwindung der Grenzen zwischen biologischen und technischen Disziplinen und Praktiken erzeugt wurden. In den folgenden Kapiteln werden die Prämissen, Ursachen und Implikationen erforscht, die das Studium der organischen Formen und ihre technische Herstellung im 20. und 21. Jahrhundert geprägt haben.

Ich werde mich auf die Zirkulation von morphologischem Wissen zwischen den drei emblematischen Disziplinen Biologie, Philosophie und Architektur konzentrieren. Diese tauschten während des 20. und 21. Jahrhunderts immer wieder Ideen, Praktiken und Techniken zum Verständnis von Form aus. Die Fokussierung auf diese drei Disziplinen wird dabei jedoch lediglich als methodologischer Zugang genutzt, um die Morphologie innerhalb einer *transdisziplinären Wissens-, Technik- und Wissenschaftsphilosophie und -geschichte* zu untersuchen. Meine Wissenschafts- und Technikphilosophie plädiert in der Tat für eine transdisziplinäre Forschung der Dynamiken der Wissensproduktion. Die folgende Untersuchung ist also als eine interdisziplinär wissenschaftstheoretische, natur- und technikphilosophische Verbindung mit historischen und theoretischen Fragestellungen zu sehen.

Der Begriff der Form ist in den letzten 150 Jahren auf unzählige Arten definiert worden. Organische und technische Formen wurden z. B. als eine Struktur, eine Reihe von Kräften oder eine Kombination von Elementen, Gestalt oder als mystische Entelechie – d. h. als dem Organismus innewohnende Kraft, die seine Entfaltung und Perfektionierung ermöglicht –definiert. Diese Vielzahl von Definitionen impliziert zum einen den rätselhaften Charakter der Form und die Prozesse, die für ihre Entwicklung im Laufe der Zeit verantwortlich sind. Auf der anderen Seite verbergen jedoch diese Begriffsbestimmungen eine vielschichtigere Dynamik der Wissensproduktion: Morphologisches Wissen basiert auf einer direkten und kontinuierlichen Zirkulation von Praktiken, materiellen Objekten und Ergebnissen zwischen Biolog:innen, Ingenieur:innen und Architekt:innen.

Wenn wir demnach den Schwerpunkt darauf legen, wie dieses Wissen durch biologische und technische Disziplinen im 20. Jahrhundert in Bewegung gesetzt wurde und zirkulierte, können wir detaillierter untersuchen, auf welche Art und Weise das Studium biologischer Formen durch Praxiserfahrungen und Technologien aus dem Bereich der Architektur und des Ingenieurwesens beeinflusst wurde, sich konstituierte und umgekehrt. Mit anderen Worten: Wenn wir uns ansehen, wie das Wissen, die Produktion und Untersuchung von Formen zwischen Biologie, Architektur und Ingenieurwissenschaft zirkulierte, eröffnet sich eine neue Perspektive auf die breitere Dynamik der Wissensproduktion.

Dieser Perspektivwechsel wird die Grundlage für das Verständnis der jüngsten Renaissance der zeitgenössischen morphologischen Disziplinen legen. Die Frage, die dieses Buch leitet, lautet daher: Wie wurde das Wissen über die Form generiert, validiert, angepasst und übertragen?

Durch eine Herausarbeitung von emblematischen Fallstudien dieser Entgrenzung während des 20. und 21. Jahrhunderts verfolgt dieses Buch also drei Ziele. *Erstens* soll gezeigt werden, wie die Zirkulation von Wissen mit seiner Produktion verbunden ist: Die Zirkulation von morphologischem Wissen ist eine unverzichtbare Bedingung sowohl für die Herstellung von technischen Formen als auch für das Studium von biologischen evolutionären Strukturen. *Zweitens* werden die Prämissen, Ursachen und Folgen der Überschreitung der disziplinären und methodischen Grenzen zwischen Biologie und Technik während des 20. und den ersten Jahrzehnten des 21. Jahrhunderts historisiert und wissenschaftstheoretisch erforscht. *Drittens* werden philosophische und theoretische Debatten auf ihre Abhängigkeit von der konkreten Arbeit an Formen hin analysiert. Meine Analyse kann daher im Wechselspiel zwischen der Geschichte der unterschiedlichen philosophischen Konzepte der organischen Form und den morphologischen Praktiken, mit denen sie empirisch untersucht wird, verortet werden. Durch die Rekonstruktion historischer Voraussetzungen und ihrer Kontexte werden die konkreten Begegnungen herausgearbeitet. Es wird dabei die konkrete Schnittmenge zwischen philosophischen Theorien und ihren Umsetzungen in morphologischen Praktiken untersucht.

Der ausgewählte Zugang zur Untersuchung des »Rätsels der Form«[2] des 20. und 21. Jahrhunderts ist ein integrativer Ansatz, der sich zwei verschiedene Ansätze zunutze macht: *Erstens* erweitert und überwindet die in diesem Buch genutzte Methode die Debatte über die Charakteristika der sogenannten technowissenschaftlichen Disziplinen, und zwar Disziplinen, bei denen Theorie und Technik nicht mehr trennbar sind; *zweitens* ist die ausgewählte Methode als Fortsetzung einer bestimmten rezenten Forschungsrichtung in der Wissenschaftsgeschichte und -philosophie zu verstehen: der Hervorhebung der Rolle wissenschaftlicher Praktiken und eines integrativen Ansatzes in Geschichte und Philosophie. Diese gipfelt in der Untersuchung der Zirkulation von Wissen als methodologischem Schlüssel zur Entdeckung der Dynamiken der Produktion von wissenschaftlichem Wissen. In der Erweiterung und Umsetzung dieser Ansätze wird die klassische Wissenschaftsphilosophie in Richtung einer breiteren Wissensgeschichte und -philosophie vorangetrieben.

Dichotomien in der Wissenschaftsforschung des 20. Jahrhunderts

Die historische und philosophische Reflexion über die Entwicklungen der sogenannten technisch-theoretischen Wissenschaften des 20. und 21. Jahrhunderts (wie die oben skizzierte ingenieurwissenschaftlich geprägte Untersuchung organischer Formen) ist stark von einer Reihe von Dichotomien beeinflusst. Diese Dichotomien wurden allerdings oft zu rein rhetorischen Zwecken in die Debatten eingebracht. In anderen Fällen liegen diesen Dichotomien jedoch sehr ernste theoretische, konzeptionelle und praktische Probleme zugrunde.

Zwei der emblematischsten Gegensätze, die das Studium und das historisch-philosophische Verständnis der Morphologie im 20. Jahrhundert charakterisieren, sind diejenigen zwischen Form und Funktion sowie zwischen Form und Materie. Biolog:innen, Architekt:innen und Ingenieur:innen haben jahrzehntelang darüber debattiert, ob die Funktion Vorrang (und Bedeutung) vor der Form hat oder ob das Gegenteil der Fall ist. Bestimmt beispielsweise die Form eines Auges seine Funktion? Bestimmt die Form eines Hauses, das viereckig gebaut ist, seine Funktion bzw. die Funktion seiner Räume? Sind Formen möglich, die neue, noch nicht realisierte Funktionen erlauben? Die gesamte Geschichte der Morphologie im 20. Jahrhundert wird im Lichte des Gegensatzes zwischen Form und Funktion interpretiert.[3]

Der zweite Gegensatz zwischen Form und Materie ist ebenfalls sehr alt. Er findet sich in den Texten der antiken griechischen Philosophen wieder. Die These, die diesen Gegensatz eint, ist, dass Materie als chaotisch, amorph, subjektiv, schwer quantifizierbar und abhängig von der Verfassung des Subjekts, das sie empfängt, zu verstehen ist. Formen hingegen sind stabile, kommunizierbare Konstrukte, die das Chaos der Wahrnehmung und der Natur ordnen und diesen einen Sinn verleihen – man denke z. B. an das von Linnaeus vorgeschlagene formale System der Natur oder an die Kategorienlehre, die – nach Kant – die chaotische Erfahrung zu ordnen im Stande ist. Eine diametral entgegengesetzte Position behaupten dagegen die Romantiker:innen oder die Phänomenolog:innen, insofern sie die Form als durch die immanenten Eigenschaften der Materie bestimmt auffassen. Nach diesen Positionen lassen sich Bedeutung und Struktur in der Materie aufspüren, die ohne eine vom Subjekt realisierte formale Synthese existiert.[4] Zwei weitere Dichotomien – mehr rhetorisch als real – haben das historische und philosophische Verständnis der technischen Formenlehre und die anschließende Auflösung der Grenzen zwischen dem Organischen und dem Technischen geprägt: der Gegensatz zwischen Technowissenschaften und Naturwissenschaften und zwischen Wissenschaft 1.0 und 2.0.

Die Technowissenschaften können als eine Reihe von Disziplinen betrachtet werden, die von der synthetischen Biologie über die Chemie bis hin zur Nanotechnologie reichen.[5] Zwar gibt es verschiedene Definitionen, aber ihre entscheidende Gemeinsamkeit besteht in der technowissenschaftlichen Herangehensweise an die Wissensproduktion, in welcher der epistemische »Zweck und die technologischen Interessen miteinander verwoben sind«.[6] Der technowissenschaftliche Modus der Wissensproduktion prägt die heutige Zeit.

Innerhalb der breiteren Charakterisierung der Technowissenschaften ist ein Aspekt, den Philosoph:innen eingehend analysiert haben, die Möglichkeit einer scharfen Unterscheidung zwischen »klassischen« Wissenschaften, wie Physik oder Evolutionsbiologie, und den Technowissenschaften. Die Unterschiede zwischen diesen Disziplinen wurden auf verschiedene Weise formuliert. So haben Philosoph:innen und Historiker:innen die Praktiken der Technowissenschaften des 20. und 21. Jahrhunderts analysiert und mit denen der »klassischen« Wissenschaften verglichen. Diese Analysen wurden genutzt, um die klare Trennlinie zwischen diesen beiden unterschiedlichen Disziplinen aufzuzeigen. Wie der Philosoph Alfred Nordmann formuliert, ist das Ziel von Naturwissenschaftler:innen die Erklärung ihrer Untersuchungsgegenstände, während Technowissenschaftler:innen auf die technische Beherrschung ihrer Objekte abzielen.[7]

Andererseits haben Historiker:innen und Philosoph:innen die Elemente der Kontinuität zwischen Wissenschaften und Technowissenschaften betont. Sie sahen diese beiden Unternehmungen als zwei parallele wissenschaftliche Modi des Wissens statt als konkurrierende Unternehmungen.[8] Darüber hinaus haben sich die Wissenschaftler:innen bemüht, den technowissenschaftlichen Ansatz der Wissensproduktion zu historisieren. So wurde die Technowissenschaft nicht nur als Ergebnis der Anwendung ingenieurwissenschaftlicher Methoden gesehen, die gegen Ende des 20. Jahrhunderts stattfand; vielmehr erkannten sie auch technowissenschaftliche Instanzen in der gesamten Wissenschaftsgeschichte.[9] Die wissenschaftliche Methode von Galileo Galilei, die Chemie des 17. Jahrhunderts oder die Paläontologie des 19. Jahrhunderts sind Beispiele für die technische Beherrschung von Phänomenen, die auch den neueren Technowissenschaften eigen sind.[10] Die Technowissenschaft wurde damit zu einer Wissenschaft *avant la lettre*, wie es die Wissenschaftshistorikerin Ursula Klein formuliert.[11] Hinter den Studien stand dabei ein einheitliches Motiv: die Suche nach soliden Abgrenzungsprinzipien, um die klassische Wissenschaft von der Technowissenschaft zu unterscheiden.[12] Diese Strategie hatte einen möglichen metaphysischen Fallstrick, denn sie lud Philosoph:innen und Wissenschaftshistoriker:innen dazu ein, normativ zu erklären, was Wissenschaft ist oder sein sollte. Infolgedessen wurde die technowissenschaftliche Forschung in einer sehr abstrakten Weise dargestellt.

Eine weitere Dichotomie, die die Untersuchung der neueren wissenschaftlichen Produktion kennzeichnet, ist die zwischen Wissenschaft 1.0 und Wissenschaft 2.0 oder, anders formuliert, einer ersten und einer zweiten Modalität der Wissensproduktion.[13] Die Modalität 1.0 ist charakteristisch für die Wissenschaft des 16. und 17. Jahrhunderts. Mit der Unterscheidung zwischen religiösem Glauben und wissenschaftlicher Erkenntnis entstanden autonome wissenschaftliche Institutionen und Disziplinen. Diese hatten die Entdeckung der wahren Naturgesetze durch den Einsatz von Experimenten zum Ziel, wie es prominent Bacon in seinem *Novum Organum* (1620) beschrieb. Diesem fundamentalen Modus der Erkenntnis wurde ein neuer und radikalerer wissenschaftlicher Modus gegenübergestellt.

Die in der zweiten Hälfte des 20. Jahrhunderts entstandene Wissenschaft 2.0. zielt hingegen darauf ab, Hypothesen zu produzieren, und weniger darauf, die tiefe Wahrheit der Welt zu ergründen. Anstelle der Verwirklichung klar definierter wissenschaftlicher Disziplinen kommt es in der heutigen Zeit zu einer Begegnung und Zusammenarbeit von Laien und Wissenschaftler:innen. Außerdem wird die Wissenschaft selbst zu einem wirtschaftlichen Produkt gemacht, ebenso wie ihre Daten. Und schließlich gibt es eine tiefgreifende Technizität der Wissenschaft. Disziplinen wie die Physik, die Chemie oder die Biologie sind selbst von der Entwicklung neuer Technologien abhängig.

So fasst der Philosoph Martin Carrier den Übergang von Modus 1.0 zu 2.0 folgendermaßen zusammen: »In der Summe besagt die These, dass die Wissenschaft aus der Abgeschiedenheit des akademischen Labors in die gesellschaftliche Arena eingetreten ist, dabei unter neuartigen Zwangsbedingungen operiert und eine tiefgreifende institutionelle und methodologische Umorientierung erfährt.«[14]

Die letzte Dichotomie betrifft den Unterschied zwischen der klassischen Epistemologie und der Epistemologie der Biomimetik und andere bio-inspirierte Disziplinen. Der französische Philosoph Henry Dicks bietet uns einige Elemente für die Entwicklung einer Epistemologie und Ontologie der Natur, die sich auf die Praktiken der Biomimetik stützt. Er zeigt, dass die Biomimetik eine eigene Erkenntnistheorie hat, die in scharfem Kontrast zur traditionellen Erkenntnistheorie steht. Einerseits sieht die traditionelle Erkenntnistheorie die Produktion von Wissen als Wissen *über* und *von* irgendeinem Aspekt der Welt. Die Quelle des Wissens in der klassischen Erkenntnistheorie ist »Wahrnehmung, Introspektion, Erinnerung, Vernunft oder Zeugnis«.[15] Dicks hebt ein zentrales Thema der westlichen philosophischen Tradition hervor: Die Perspektivität des Ich-Denkens ist das, was die Erkenntnis der Welt begründet und ermöglicht. Dies kann zur Gründung eines Systems führen, von dem aus dann Urteile über die Welt gefällt werden können und somit Wissen produziert wird.

Dicks kontrastiert diese klassische Epistemologie mit der Epistemologie der Biomimetik. Die Produktion von Wissen in der Biomimetik geschieht nicht über die Natur, sondern *leitet sich von der Natur ab.* Darüber hinaus ist die Quelle des Wissens in der Erkenntnistheorie der Biomimetik »keine mentale oder andere Fähigkeit des menschlichen Subjekts, und es ist kein anderes menschliches Subjekt, das Wissen in Form von Zeugnissen weitergibt, sondern eine natürliche Entität oder ein System«[16]. Dicks schlägt daher einen scharfen Kontrast vor zwischen der traditionellen Erkenntnistheorie einerseits, die darauf abzielt, Wissen über die Welt durch die Produktion von Urteilen zu erzeugen, die von einem denkenden Selbst abgegeben werden, und der Erkenntnistheorie der Biomimetik andererseits, die Wissen aus den Strukturen der Welt und der Realität durch das Studium der Natur als Inspirationsquelle erzeugt. Indem sie die Natur studieren und sich von ihr inspirieren lassen, lernen Wissenschaftler, wie sie Objekte herstellen und produzieren können – sie lernen zum Beispiel, wie man starke Strukturen wie Spinnennetze und Eierschalen baut. Die Natur ist dann sowohl die Inspirationsquelle als auch der Maßstab, nach dem die Leistung des nach der Natur gebauten Produkts zu beurteilen ist.

In diesem Buch werde ich eine andere Strategie vorschlagen, um die Möglichkeiten und Prämissen der morphologischen Forschung im 20. und 21. Jahrhundert zu verstehen und die damit verbundene

Entgrenzung des Technischen und des Biologischen zu untersuchen[17]. Ich werde mich *weder* auf die Charakteristika der technowissenschaftlichen oder naturwissenschaftlichen Disziplinen oder Institutionen, die Formen untersuchen oder entworfen haben, konzentrieren *noch* auf die Gegenüberstellung von Form vs. Funktion oder Form vs. Materie. Vielmehr werde ich auf die Praxis eingehen, in welcher Form analysiert und hergestellt wurde. Der Fokus liegt also *nicht* auf der internalistischen historischen Untersuchung von einer oder mehreren natur-, ingenieur- oder technikwissenschaftlichen Disziplinen, *sondern auf dem Untersuchungsgegenstand selbst*, der Form, und wie dieser konkret von verschiedenen disziplinären Perspektiven und Zugängen untersucht wurde. Dabei wird der historische Blick auf die Form gerichtet, der zwischen verschiedenen Disziplinen zirkulierte und dadurch unterschiedliche Ansätze und neue Fragestellungen generierte. Wie am Ende dieses Buches erläutert wird, hilft uns der Fokus auf die Zirkulation statt auf disziplinäre Grenzen dabei, abstrakte Probleme oder metaphysische Abgrenzungskriterien sowie Aspekte und Eigenschaften der sogenannten Technowissenschaften und Naturwissenschaften neu zu lesen und zu definieren.

Science in Practice

In den folgenden Kapiteln wird nicht auf das Verhältnis zwischen möglichen abstrakten Formtheorien und der Welt eingegangen. Ich werde nicht die Grundlagen und Voraussetzungen allgemeiner Begriffe analysieren, wie den der Wahrheit, der Welt, des Wissens, der Rechtfertigung oder der Wissensgeltung. Ich werde auch nicht versuchen, eine transzendentale Analyse über die ganz allgemeinen Bedingungen der Möglichkeit von morphologischem Wissen durchzuführen. Im Gegenteil werde ich mich, einer jüngeren Tradition innerhalb der Geschichte und Philosophie des Wissens folgend, auf das konzentrieren, *was Wissenschaftler:innen tagtäglich tun*: die tatsächliche Arbeit mit unterschiedlichen Werkzeugen und Instrumenten, um Objekte und Wissen zu produzieren und reproduzieren. Mit anderen Worten werde ich mich auf die Charakteristika und Modalitäten der von Wissenschaftler:innen verwendeten

Praktiken konzentrieren und diese Praktiken innerhalb des breiteren sozialen und kulturellen Kontextes verorten, in dem sie agieren. Die Produktion von wissenschaftlichem Wissen wird also durch eine sorgfältige Untersuchung dessen, was Wissenschaftler:innen tun, materialisiert.

Diese Tradition hat tiefe philosophische und historische Wurzeln. Von den vielen Schriften dazu sind zwei besonders erwähnenswert. Zum einen hat sie ihre Wurzeln in einigen Aussagen von Kants *Kritik der reinen Vernunft*. Der Königsberger Philosoph stellt fest: »Als Galilei seine Kugeln die schiefe Fläche mit einer von ihm selbst gewählten Schwere herabrollen, oder Torricelli die Luft ein Gewicht, was er sich zum voraus dem einer ihm bekannten Wassersäule gleich gedacht hatte, tragen ließ, oder in noch späterer Zeit Stahl Metalle in Kalk und diesen wiederum in Metall verwandelte, indem er ihnen etwas entzog und wiedergab; so ging allen Naturforschern ein Licht auf«[18]. Die von Torricelli selbst gewählte Schwere hat ein fundamentales Gewicht für die Möglichkeit, Wissen zu produzieren. Die verwendeten Praktiken erzwingen und ermöglichen die anschließende Bildung von Konzepten und Kategorien.

Der zweite Punkt wird von Edmund Husserl in seinem Text über den Ursprung der Geometrie angegeben. Die Geometrie geht von konkreten Operationen von Messfeldern aus. Die Praktiken, durch die praktisches Wissen produzierbar ist, sind also wesentlich und müssen analysiert werden. Also von unten nach oben.[19]

Wie ich auf den folgenden Seiten zeigen werde, bringt dies den Übergang vom Konzept der Form zum Studium des Werdens der Form. Oder, mit anderen Worten, vom Studium des Faktums der Morphologie zur Analyse der Formenlehre als *Fieri*.[20] Bei diesem Übergang werden die Prozesse der Wissensproduktion in verschiedenen Praktiken materialisiert und so untersucht.

Für diese philosophische Analyse der Wissensproduktion sind daher sowohl die Untersuchungsobjekte wissenschaftlicher Disziplinen, in diesem Fall natürliche oder technische Formen, als auch die Praktiken, Technologien und theoretischen Konzepte und Überzeugungen, die zur Untersuchung und Produktion dieser Formen verwendet werden, von Relevanz. Diese Wechselbeziehung bietet die Möglichkeit zu verstehen, welche Art von Aktivitäten notwendig sind, um morphologisches Wissen zu generieren, mit dem man architektonische und ingenieurtechnische Formen herstellen kann, und ausgehend von letzterem zu erklären, wie die Morphogenese in natürlichen Organismen stattfindet. Mit dem Philosophen Hasok Chang können wir die Methode und Aufgabe der historisch-philosophischen Forschung folgendermaßen verstehen: »Anstatt über die Natur einer Definition nachzudenken, können wir uns überlegen, was man bei der Definition eines wissenschaftlichen Begriffs tun muss: formale Bedingungen formulieren, physikalische Instrumente und Verfahren zur Messung konstruieren, Leute in einem Komitee zusammentrommeln, um die vereinbarten Verwendungen des Begriffs zu überwachen, und Methoden entwickeln, um Leute zu bestrafen, die sich nicht an die vereinbarten Verwendungen halten. Mit einem Schlag haben wir alles Mögliche in Betracht gezogen, vom Operationalismus bis zur Soziologie der wissenschaftlichen Institutionen«.[21]

Diesen methodologischen Hinweisen folgend will diese Arbeit einen Beitrag zur breiteren Forschungsagenda der Wissenschaftsgeschichte und -philosophie (History and Philosophy of Science) leisten. Indem die Wissenschaft in ihren historischen und sozialen Kontext gestellt wird und die Produktion von Wissen als dynamischer Prozess verstanden wird, hilft dieser integrative Ansatz (i) den Wissenschaftler:innen, umfassendere konzeptionelle Fragen zu klären und ihre philosophischen Annahmen hervorzubringen und (ii) abstrakte Kategorien zu materialisieren, um ihre Genese und Gültigkeit durch sorgfältige historische und philosophische Rekonstruktion zu untersuchen. Dabei wird diese Studie beleuchten, wie Wissen produktiv über disziplinäre Grenzen hinweg zirkulieren und so neue Erkenntnisse generieren kann.

Wissenszirkulation und das Prinzip des Werdens

In einer Reihe von Büchern und Artikeln haben Autoren wie Steven Shapin, Bruno Latour und Simon Schaffer und andere Wissenschaftssoziolog:innen die Aufmerksamkeit auf die Tatsache gelenkt, dass wissenschaftliches Wissen nicht irgendwie unabhängig von Praktiken, Handlungen, Technologien und sozialen

Systemen entdeckt wird.[22] Vielmehr sei wissenschaftliches Wissen konstruiert, insofern es sich aus sozialen, technologischen, ökonomischen und politischen Elementen zusammensetzt. Darüber hinaus haben diese Studien gezeigt, wie die Produktion von Wissen im Wesentlichen das Ergebnis von Aushandlungs- und damit sozialen Prozessen ist. Wie Shapin und Adi Ophir schrieben: »[Vielleicht] gehen die Zeiten, in denen Ideen frei in der Luft schwebten, wirklich dem Ende entgegen. Vielleicht werden wir das, was wir für einen himmlischen Ort des Wissens hielten, tatsächlich als das Ergebnis von Querbewegungen zwischen weltlichen Orten sehen.«[23]

Dieser Standpunkt wird die Grundannahme für die Durchführung meiner Analyse sein. Daraus ergeben sich zwei methodische Konsequenzen: Erstens legt dieser Standpunkt den Schwerpunkt auf die *Querbewegungen*, die die Entwicklung und Produktion von wissenschaftlichem Wissen charakterisieren. Wissen ist im Transit. Es wird nicht statisch in lokalen und isolierten Räumen erzeugt, sondern es entsteht durch eine Bewegung des Gehens, Umkehrens und Zurückkehrens. Anknüpfend an diesen Punkt stellte der Wissenschaftshistoriker Jim Secord in einem Vortrag die Aufgabe der Wissensforschung mit folgender Frage dar: »Wie und warum zirkuliert [wissenschaftliches] Wissen? Wie hört es auf, das exklusive Eigentum eines einzelnen Individuums oder einer Gruppe zu sein und wird Teil des selbstverständlichen Verständnisses von viel größeren Gruppen von Menschen?«[24]

Die von Secord formulierte Fragestellung wurde von anderen historischen Teildisziplinen, insbesondere in der Globalgeschichte und in der Kolonialgeschichte, übernommen, umformuliert und schließlich neu präsentiert. In diesen historischen Teildisziplinen hat es der Fokus auf die Zirkulation und den Übergang von Wissen erlaubt, antiquierte Modelle der Wissensproduktion (wie z. B. das Modell eines Zentrums und einer Peripherie des Wissens oder das Modell der Wissenschaftskommunikation als bloße Dissemination und Popularisierung von Wissen) zu überdenken und aufzugeben. Nach dem ›Zentrum-Peripherie-Modell‹ findet die Wissensproduktion durch das Sammeln von Informationen oder Objekten statt. Wissensakkumulation und -verarbeitung finden damit im abgeschotteten Raum des Labors statt, und erst anschließend beginnt nach diesem Modell die Verbreitung – und letztlich die universelle Akzeptanz – des so produzierten Wissens. Der Historiker Kapil Raj ist der Ansicht, dass der Fokus auf die Zirkulation von Wissen dagegen ermöglicht, »Wissenschaft als Koproduktion zu sehen, die durch die Begegnung und Interaktion zwischen heterogenen Fachgemeinschaften unterschiedlicher Herkunft entsteht«.[25]

Darüber hinaus impliziert die Erforschung der *weltlichen Orte* der wissenschaftlichen Produktion eine Definition von Wissenschaft nicht als abstrakte Ansammlung von Operationen, die auf frei in der Luft schwebenden Ideen und Prinzipien beruht. Vielmehr, wie Historikerin Lynn Nyhart dazu schreibt, »wäre ein passenderes Bild die Geschichte der Wissenschaft als eine dicht verflochtene Ansammlung von Menschen und materiellen Dingen, die von sozialem, kulturellem, wirtschaftlichem und religiösem Leben geprägt ist und sich über den gesamten Globus erstreckt. Die Aufgabe des Historikers besteht nun darin, herauszufinden, wie bestimmte Formen des Wissens und der Praxis innerhalb dieser Masse von Aktivitäten als ›Wissenschaft‹ verstanden wurden; was die Wissenschaft sozial, kulturell und materiell aufrechterhalten hat; und wer bei ihrer Entstehung profitiert und wer gelitten hat«.[26]

Dieses Buch erweitert diese methodischen Elemente und präsentiert so einen integrativen Ansatz, bei dem sich Philosophie, Technik- und Wissenschaftsgeschichte gegenseitig beeinflussen, um zu analysieren, wie die morphologische Forschung *zwischen* den Disziplinen zirkulierte und dadurch die metaphysischen und disziplinären Grenzen zwischen Natur und Technik überwunden hat.

Darüber hinaus ist die morphologische Produktion des 20. und 21. Jahrhunderts und der Verlust der Grenzen zwischen dem Technischen und dem Organischen tief verwurzelt in der starken naturphilosophischen Diskussion und Debatte über den Begriff und die Definition von Natur, Technik und Naturverhältnissen sowie über den Platz und die Rolle des Menschen in der Natur. Aus der heutigen Auflösung der Grenzen zwischen dem Technischen und dem Biologischen ergibt sich daher eine klassische Reihe an Fragen der Naturphilosophie: Was ist Natur? Was ist der Unterschied zwischen Natur und Technik? Gibt es einen Unterschied zwischen dem Subjekt und dem Objekt? Gibt es einen Unterschied zwischen Lebendigen und Maschinen? Wie wird Wissen über Natur produziert? Und was ist seine Geltung? Mit anderen Worten: Das Problem der Produktion von Wissen fragt nach der Möglichkeit von Naturverhältnissen.

Dies impliziert, dass alle Beziehungen zwischen Subjekt und Objekt – zwischen der natürlichen Formenwelt und den technischen Formen – analysiert werden müssen. In diesem Prozess kann philosophische Arbeit es sich nicht mehr leisten, die Technik »neben die anderen Gebiete und Gebilde zu stellen«[27], sondern sie muss die Technik eingebettet in die Wissensproduktion untersuchen. Dies ist möglich, wenn man hier von der *forma formata* zur *forma formans*, vom Gewordenen zum Prinzip des Werdens zurückgeht.

Auf den nächsten Seiten[28] wird meine Untersuchung der Zirkulation des morphologischen Wissens durch die Bewegung der Biologisierung der Technik und der umgekehrten Bewegung der Technisierung der Biologie folgen, beginnend mit einem Überblick über die wichtigsten Ansätze zur biologischen Morphologie im 20. Jahrhundert. Historisch wurden vier verschiedene Ansätze und daraus resultierende Definitionen der Form hervorgebracht. Die organische Form wurde mit einer Maschine, einem irreduziblen vitalen Prinzip, dem organischen Ganzen und damit nicht reduzierbar auf seine Bestandteile sowie mit einem architektonischen Prinzip identifiziert. Diese Definitionen und unterschiedlichen Betrachtungsweisen der organischen Form prägten das gesamte 20. Jahrhundert und strahlten bis ins 21. Jahrhundert aus.

Das zweite Kapitel beschäftigt sich mit den philosophischen und methodischen Grundlagen der Biotechnik, der heutigen Bionik. Im Anschluss an die Analyse der philosophischen Prämissen dieser Disziplin, die von dem Botaniker, Mikrobiologen und Naturphilosophen Raoul Heinrich Francé (1874–1943) und dem Philosophen Ernst Kapp (1808–1896) geprägt wurden, konzentriere ich mich darauf, wie dieses Wissen in den architektonischen Disziplinen der ersten Hälfte des 20. Jahrhunderts in die Praxis umgesetzt wurde. Untersucht wird dabei die konkrete Schnittmenge zwischen philosophischen Theorien und ihren Umsetzungen in morphologischen Praktiken.

Das dritte Kapitel setzt die Analyse der Bewegung zur Biologisierung der Technik durch den von dem schottischen Biologen D'Arcy Wentworth Thompson (1860–1948) vorgeschlagenen Ansatz zur Formanalyse fort. Er definierte Form als das Produkt von inneren und physikalischen Kräften, womit er die physikalischen, chemischen und geometrischen Eigenschaften, die den Prozess der Morphogenese bestimmen, fokussierte. Diese Ideen zirkulierten in der Architektur Mitte des 20. Jahrhunderts und fanden Eingang in die sogenannte Biotechnik, in Alan Turings morphogenetische Untersuchungen und bildeten das Gerüst des architektonischen Denkens des Architekten Christopher Alexander.

Das vierte Kapitel widmet sich den Versöhnungsversuchen zwischen den Technikern und den Biologen, die in den 1960er Jahren unternommen wurden. Insbesondere wird die Entstehung von *Bionics* und Biomimetik in den USA und von *Bionik* im geteilten Deutschland nach dem Zweiten Weltkrieg analysiert. Diese Analyse wird zeigen, wie die Vereinbarkeitsversuche sowohl Biologen und Architekten als auch Ingenieure und Philosophen involvierten.

Das fünfte Kapitel befasst sich mit dem Höhepunkt der Biologisierung der Technik. Dabei werden der fruchtbare Austausch und die Zirkulation von Methode und Technologie zwischen Biologie und Architektur im späten 20. und frühen 21. Jahrhundert analysiert. Die Studie dieser Zusammenarbeit konzentriert sich auf die emblematische Zirkulation der Verwendung von *Morphospace*, einer Computerpraxis zur Visualisierung aller möglichen theoretischen Formen, ausgehend von den Parametern, die sie erzeugt haben. Dieses Werkzeug zirkulierte von der Paläontologie über die Architektur bis hin zum digitalen Design. Das Kapitel schließt mit einer Ausarbeitung der These zu den Dynamiken, Grenzen und Strategien dieser Wissenszirkulation und Grenzüberschreitung ab.

Das sechste Kapitel zeichnet die entgegengesetzte Bewegung der morphologischen Wissenszirkulation nach. Es wird untersucht, wie die Technologie die Erforschung ausgestorbener Formen von Organismen bestimmt hat. Indem sie zeigen, wie ›Papiertechnologien‹[29], Computer und virtuelle Technologien das Studium fossiler Formen nicht nur erleichtert, sondern erst ermöglicht haben, legen diese Untersuchungen die Grundlage für die jüngste Technisierung der Tiefenzeit. Das Kapitel konzentriert sich auf den Einsatz neuer Technologien wie Scanner, 3D-Druck, virtuelle Realität und Augmentation, um einen Zugang zur geologischen Zeit der Erde zu erhalten.

Das siebte Kapitel setzt die Analyse des Eindringens der Technologie in die morphologischen Untersuchungen der Biologie des 21. Jahrhunderts fort. Insbesondere untersucht es den Einsatz von Robotik bei der Erzeugung neuer biologischer Fragestellungen und Praktiken. Der Einsatz von Robotern verändert nämlich massiv die Art und Weise, wie Naturformen untersucht und verstanden werden können. Nachdem ich mich auf die verschiedenen Modalitäten, die in der Bio-Robotik verwendet werden, konzentriert habe, werde ich untersuchen, wie Roboter verwendet wurden, um ein sehr vielfältiges Spektrum von Organismen zu untersuchen. Die allgemeineren Schlussfolgerungen des Kapitels beziehen sich auf den neuen *material turn*, der die Morphologie des 21. Jahrhunderts charakterisiert.

Das achte Kapitel legt einige der wirtschaftlichen und politischen Interessen offen, die für die Zirkulation von morphologischem Wissen im 20. und 21. Jahrhundert zentral sind. Mit Rekurs auf die Kritik am Konzept der Wissenszirkulation durch den Historiker Fa-ti Fan wird aufgezeigt, wie das Aufeinandertreffen zweier heterogener wissenschaftlicher Gemeinschaften auch unterschwellige politische und ökonomische Aspekte berührt. Das Kapitel schließt mit einer Reflexion über die Rolle von Werten in der aktuellen technischen und wissenschaftlichen Forschung.

Die Schlussfolgerungen des Buches beziehen sich sodann auf weitere Elemente, die das Studium der Formen in der heutigen Zeit auszeichnen. Schließlich wird die wichtige Rolle der Transdisziplinarität in der Geschichte und Theorie der Wissenschaftsforschung des 21. Jahrhunderts hervorgehoben.

1. DAS RÄTSEL DER ORGANISCHEN FORM: MORPHOLOGIE UND BIOLOGIE

Die Morphologie als das Studium der Struktur und Entwicklung der organischen Form geht auf Johann Wolfgang von Goethe (1749–1832) zurück.[30] Goethe definierte die Morphologie als diejenige Wissenschaft, die in der Lage ist, »die lebendigen Bildungen als solche zu erkennen, ihre äußeren sichtbaren, greiflichen Teile im Zusammenhange zu erfassen, sie als Andeutungen des Innern aufzunehmen und so das Ganze in der Anschauung gewissermaßen zu beherrschen«[31]. Der Universalgelehrte verstand diese Disziplin auf eine sehr dynamische Weise. Dabei unterschied Goethe zwei sprachlich und begrifflich voneinander verschiedene Formbegriffe, die im Deutschen bestehen:

> Der Deutsche hat für den Komplex des Daseins eines wirklichen Wesens das Wort Gestalt. Er abstrahiert bei diesem Ausdruck von dem Beweglichen, er nimmt an, daß Zusammengehöriges festgestellt, abgeschlossen und in seinem Charakter fixiert sei.
>
> Betrachten wir aber alle Gestalten, besonders die organischen, so finden wir, daß nirgend ein Bestehendes, nirgend ein Ruhendes, ein Abgeschlossenes vorkommt, sondern daß vielmehr alles in einer steten Bewegung schwanke. Daher unsere Sprache das Wort Bildung sowohl von dem Hervorgebrachten, als von dem Hervorgebrachtwerdenden gehörig genug zu brauchen pflegt.
>
> Wollen wir also eine Morphologie einleiten, so dürfen wir nicht von Gestalt sprechen; sondern, wenn wir das Wort brauchen, uns allenfalls dabei nur die Idee, den Begriff oder ein in der Erfahrung nur für den Augenblick Festgehaltenes denken.[32]

Damit lehnte Goethe eine statische Formdefinition ab und betonte vielmehr ihren dynamischen und sich ständig verändernden Status. Folglich konzipierte der deutsche Dichter die Morphologie als Morphogenese, das heißt als die Lehre von der Dynamik der Formbildung und -veränderung im Laufe der Zeit. Morphologie hingegen war, wie er es formulierte, »die Lehre von der Gestalt, Bildung und Umbildung der organischen Körper«.[33]

In Anlehnung an Goethes Ideen wurde die Morphologie am Ende des 19. Jahrhunderts von den meisten Biologen als »die erste Evolutionswissenschaft«[34] betrachtet, da sie eine zentrale Rolle bei der Analyse und dem Verständnis von evolutionären Veränderungen durch die Zeit spielte[35]. Aufgrund des Ausschlusses der Morphologie aus der sogenannten modernen Synthese der Evolutionstheorie, d. h. der Verschmelzung der Darwin'schen Theorie mit der Mendel'schen Genetik in den 1930er- und 40er-Jahren, verlor die evolutionäre Morphologie im Laufe des 20. Jahrhunderts allmählich ihre zentrale disziplinäre Bedeutung. Sie wandelte sich zu einer Disziplin, die nach Ansicht des Biologen Ernst Mayr (1904–2005), einem der Hauptvertreter der modernen Synthese der Evolutionstheorie, in keiner Weise zur Weiterentwicklung des evolutionären Denkens beitrug.[36] Trotz Mayrs recht einseitiger Rekonstruktion der Geschichte der Biologie, die einen Machtverlust der Morphologie signalisierte, durchzog ein Bedürfnis nach Morphologie das gesamte 20. Jahrhundert transversal.[37] Innerhalb dieses starken Bedürfnisses, die Strukturen der Formen und die Mechanismen ihrer möglichen Veränderungen im Laufe der Zeit zu untersuchen, konnten mindestens vier verschiedene und widersprüchliche Definitionen organischer Formen und entsprechende Methodologien identifiziert werden.

Organische Form als Maschine

Zunächst wurde die organische Form mit einer klassischen Maschine gleichgesetzt. In seinem Hauptwerk *Theoretische Kinematik* definierte der deutsche Ingenieur Franz Reuleaux (1829–1905) eine Maschine, bzw. den Organismus, als »eine Kombination resistenter Teile, deren jeder eine spezielle Funktion hat unter menschlicher Kontrolle operierend, um Energie zu nutzen und Arbeit zu verrichten«.[38] Zu Beginn des 20. Jahrhunderts war das sogenannte mechanistische Weltbild, d. h. die Reduktion jedes Lebensprozesses auf physikalische und chemische Eigenschaften, eine weit verbreitete Sichtweise. Einer der wichtigsten Vertreter einer starken reduktionistischen und mechanistischen Auffassung war der in Deutschland geborene amerikanische Biologe Jacques Loeb (1859–1924). In *The Dynamics of Living Matter* stellte Loeb fest, dass »lebende Organismen insofern als chemische Maschinen bezeichnet werden können, als die Energie für ihre Arbeit und ihre Funktionen aus chemischen Prozessen gewonnen wird und als das Material, aus dem die lebenden Maschinen aufgebaut sind, durch chemische Prozesse gebildet werden muss«.[39] Die Anerkennung der Identität von Organismen als chemische Maschinen rückte die alte Frage nach dem Eigenzweck des Organismus, dem die Autonomie der Form innewohnt, gegenüber ihrer möglichen Reduktion auf mechanische Prinzipien in den Vordergrund. Im Gegensatz zu Maschinen schienen Organismen eine Art Selbsterhaltung und zielgerichtetes Verhalten zu bewahren. Diesbezüglich postulierte Immanuel Kant an prominenter Stelle, dass Organismen als *als ob* Maschinen zu betrachten seien.[40]

Loeb antwortete auf diesen Einwand, dass »die Tatsache, dass die Maschinen, die vom Menschen geschaffen werden können, nicht die Kraft der automatischen Entwicklung, Selbsterhaltung und Reproduktion besitzen, für die Gegenwart einen grundlegenden Unterschied zwischen lebenden und künstlichen Maschinen darstellt. Wir müssen jedoch zugeben, dass nichts der Möglichkeit entgegensteht, dass die künstliche Produktion lebender Materie eines Tages vollendet sein könnte«.[41] Die erste Annäherung an das Formproblem entstammte also einer rein mechanistischen Auffassung des Lebens, wie auch eines von Loebs Büchern[42] betitelt wurde. Diese Ansicht wurde durch ein optimistisches Vertrauen in den technischen Fortschritt gestützt, der auf die Entwicklung von automatischen Maschinen zielte. Es wird sich zeigen, dass sich diese Hoffnung im Laufe des 20. Jahrhunderts realisierte (siehe die Entwicklung der Kybernetik sowie das Kapitel 4).

Form als Entelechie

Eine vitalistische Definition der Form wurde in expliziter Abgrenzung zu Loeb und anderen mechanistisch denkenden Biologen formuliert. Der repräsentativste Biologe eines solchen vitalistischen

Zugangs zur Morphologie war der deutsche Biologe und Philosoph Hans Adolf Eduard Driesch (1867–1941). Driesch studierte Biologie in Freiburg und Jena, wo er 1889 bei Ernst Haeckel (1834–1919) promovierte. Nach seiner Promotion in Jena reiste er durch Europa, um sich weiterzubilden. 1890 stieß er auf die Beschreibung eines Experiments, das der deutsche Zoologe Wilhelm Roux (1850–1924) an Fröschen durchgeführt hatte.[43] Driesch war von Roux' fundierten Konzepten und seiner Methodik derart beeindruckt, dass er beschloss, dieses Experiment zu replizieren. Drieschs Lektüre von Roux' Experiment kann als ein Wendepunkt in seiner wissenschaftlichen Laufbahn angesehen werden, denn im Zuge seiner Auseinandersetzung mit Roux begann er über den philosophischen Rahmen biologischer Probleme nachzudenken. Das führte Driesch schließlich ab 1919 bis zu seiner Emeritierung zunächst zu einer Professur für Philosophie in Köln und anschließend an der Universität Leipzig.

Roux studierte ebenfalls bei Haeckel in Jena und später bei dem deutschen Arzt und Pathologen Rudolf Virchow (1821–1902) in Berlin. Nach seiner Promotion arbeitete Roux als Assistent in Leipzig und in Breslau, wo er sich schließlich habilitierte und Direktor des Instituts für Entwicklungsgeschichte wurde. Danach ging er nach Innsbruck in Österreich, um dort ein eigenes Institut für Embryologie zu leiten. 1895 folgte Roux dem Ruf einer Professur am Anatomischen Institut der Universität Halle, wo er bis zu seiner Emeritierung im Jahr 1921 lehrte und forschte.

Eines der berühmtesten Experimente von Roux war das bereits erwähnte Frosch-Experiment, das Driesch so beeindruckt hatte. Die Untersuchung zielte darauf ab, einen Beitrag zur »Lösung der Frage [nach] der *Selbstdifferenzierung* zu leisten«.[44] Roux wollte herausfinden, wie die befruchtete Zelle in der Lage war, weitere Zellen zu produzieren und sich so zu entwickeln. Dafür extrahierte Roux zwei sich im frühen Stadium befindende Zellen (Blastomeren) eines Frosch-Embryos und tötete anschließend mit einer heißen Nadel eine der beiden Blastomeren. Er entdeckte, dass sich die lebendige Blastomere nur bis zur Hälfte entwickelte. Aus diesem Ergebnis schloss er, dass die Embryonalentwicklung dem Zusammensetzen der Teile eines Mosaiks gleicht. Die Teile des Mosaiks müssen zusammenpassen und zur richtigen Zeit am richtigen Ort platziert werden. Nur so könne ein kohärentes Bild entstehen. Die Entwicklung der organischen Form folgte, laut Roux, demselben Muster. Es fand ein darwinistischer Kampf ums Überleben zwischen den verschiedenen Teilen statt, die zusammenwirkten und schließlich den Organismus bildeten. Dieser Kampf der Teile im Organismus, wie Roux auch eines seiner Bücher emblematisch betitelte[45], fand auf mehreren hierarchischen Ebenen statt: zwischen Molekülen, Zellen, Gewebe und Organen. Die organische Evolution war demnach das Ergebnis eines modularen Prozesses. Außerdem, so Roux, sei das evolutionäre Mosaikmodell durch rein mechanistische Prinzipien erklärbar. Physik und Chemie könnten klar beschreiben und erklären, wie sich die Teile verbinden oder nicht. Er verwendete den Begriff Entwicklungsmechanik, um seinen morphologischen Ansatz im Bereich der Evolution zu verorten.

Im Jahr 1892 veröffentlichte Driesch eine Reihe wissenschaftlicher Arbeiten mit dem Titel *Entwicklungsmechanische Studien*. Er beabsichtigte damit einen expliziten Beitrag zu Roux' mechanischer Theorie der organischen Form zu leisten. Driesch versuchte in erster Linie das berühmte Frosch-Experiment von Roux zu replizieren. Anstelle von Fröschen untersuchte Driesch allerdings Seeigel, die er während seiner Forschungsaufenthalte in Trient und Neapel sammelte. Wie Roux intervenierte Driesch an den beiden Blastomeren. Anders als Roux jedoch, der eine der beiden Blastomeren tötete, trennte Driesch sie, indem er den Embryo im Frühstadium schüttelte. Obwohl Driesch die Mosaik-Theorie von Roux bestätigen wollte, führte sein Experiment zu einem ganz anderen Ergebnis. Nach der Trennung wurde deutlich, dass sich in beiden Blastomeren jeweils ein Individuum voll entwickelt hat. Die einzige Anomalie war, dass sie etwas kleiner waren als gesunde Individuen. Driesch kam zu dem Schluss, dass Roux' Experiment »für die untersuchte Species das Princip der organbildenden Keimbezirke widerlegt [ist] und zugleich die Möglichkeit künstlicher Erzeugung von Zwillingen [beweist]«.[46]

Für Driesch waren diese empirischen Ergebnisse augenöffnende Beweisstücke für eine vitalistische Auffassung des Lebens, die anhand der Roux'schen Theorie der Mosaikevolution nicht zu erklären waren. Im Gegenteil machte ihm das Experiment mit dem Seeigel klar, dass der Organismus nicht wie eine Maschine aufgebaut und erklärbar war. Driesch kam zu dem Schluss, dass eine Maschine sich nicht selbst zusammensetzen und schließlich voll funktionsfähig sein kann, wenn der Konstruktionsprozess behindert wird. Vielmehr müsse dem Organismus eine Kraft innewohnen, durch die der Entwicklungsprozess trotz möglicher Behinderungen in der Ontogenese vorbestimmt ist. Aus diesem Grund konnte sich der Embryo auch nach einer Störung, wie der Trennung zweier Blastomeren, weiterentwickeln. Damit führte Driesch eine finale Ursache in die biologische Erklärung ein, um der zielgerichteten ontogenetischen Entwicklung des Seeigels einen Sinn zu geben.

In Anlehnung an Aristoteles nannte Driesch den teleologischen Prozess, der dem Embryo innewohnt, Entelechie. Kurz gesagt, Drieschs Begründung für seine Hinwendung zum Vitalismus war die folgende: »Also: Nur M – (wo M ›Mechanismus‹ heißt) – oder M + X? Ob man das X X bleiben läßt oder es, mit mir ›Entelechie‹ oder sonst wie nennen, ist für die *Hauptsache* ganz gleichgültig. Nur [wissen wir,] dass das X für die Erreichung des Endzustandes des Gesamtgeschehens verantwortlich ist«.[47] Driesch verteidigte die Idee, dass der Organismus eine Zusammenstellung von einer mechanischen Komponente, die vollständig mit Chemie und Physik erklärbar ist, und einer nicht-mechanischen und zielgerichteten Komponente, die jedes mögliche mechanische Verständnis ihres Funktionierens transzendiert, ist.

Drieschs Theorie war nicht der einzige vitalistische Ansatz zum Formproblem in der Biologie des frühen 20. Jahrhunderts. Folgt man dem Biologen Joseph Needham (1900–1995), so reichten neovitalistische Theorien über idealistische Morphologie, Finalismus, dynamische Teleologie, Organismus bis hin zur Emergenz.[48] Auch innerhalb dieser Gruppen lassen sich unterschiedliche und gegensätzliche Praxis- und Zielvorstellungen identifizieren. Zum Beispiel könnte man die idealistische Morphologie in einen ›idealistisch-typologischen‹ Ansatz zur Form, der unter anderem von dem deutschen Botaniker Wilhelm Troll (1897–1978) und dem deutschen Paläontologen Karl Beurlen (1901–1985) vertreten wurde, und einen ›begrifflich-typologischen' Ansatz unterteilen, der von dem Schweizer Zoologen und Paläontologen Adolf Naef (1883–1949) vertreten wurde. Die Unterschiede zwischen diesen beiden Arten der idealistischen Morphologie betrafen insbesondere die Definition und die Rolle des Begriffs des Typus. Für Troll war der Typus eine unveränderliche, ewige Grundform oder Gestalt, wobei organische Formveränderungen durch Sprünge diskontinuierlich waren; für Naef hingegen war der Typus ein dynamisches Konzept, und Formveränderungen geschahen kontinuierlich und allmählich.[49]

Naefs Bemühungen, die idealistische Morphologie auf den typologischen Begriff der Form zu gründen, sind sehr bedeutsam, da sie eine andere Perspektive auf die Vielfalt der vitalistischen Biologie des frühen 20. Jahrhunderts bieten: »Die *mechanistische Analyse* kann nicht von allem Anfang an als letztes Ziel der Wissenschaft vom Leben gelten«.[50] Er betonte weiterhin den besonderen Status der lebendigen Phänomene. Ihre Eigenschaften seien nirgends auf die einfacheren Erscheinungen der anorganischen Welt *reduzierbar*. Außerdem behauptete Naef, dass, auch wenn Organismen mechanisch untersucht werden könnten, diese Analyse eine Art heuristische Funktion habe. Sie lehrte die Biologen, dass Organismen immer mehr waren als ihre mechanischen Bestandteile. Kurz gesagt, Organismen waren M+X, wie Driesch festgestellt hatte. Naef identifizierte das »X« als »Potenz«. In den Organismen gab es eine Reihe von intrinsischen Potenzen oder »energetischen Komplexen«, die, wenn sie durch verschiedene Reize ausgelöst wurden, in der Lage waren, bestimmte Ausdrucksformen des Lebens hervorzubringen.

Obwohl Naef selbst ein starker Verfechter des Vitalismus war, griff er die Ideen des Driesch'schen Neovitalismus als Inbegriff einer irrationalen und unwissenschaftlichen Methodik heftig an: »Begriffsgebilde wie die ›Entelechie‹ H. DRIESCH's haben in keiner echten Naturwissenschaft recht Platz, da diese stets eine streng analytische Behandlung der Erscheinungen anstrebt. Die Bedeutung vitalistischer Theorien liegt bis heute vor allem darin, dass sie die problematischen Eigenheiten der organischen Welt recht deutlich zur Anschauung bringen, indem sie bestrebt sind, dieselben mit unzureichenden Formeln scheinbar zu ›erklären‹. Für die Forschung sind sie auffallend steril geblieben«.[51] Daher wurden auch verschiedene vitalistische Ansätze von denjenigen wahrgenommen, die davon überzeugt waren, dass die mechanistische Sichtweise der Form irrational und entsprechend für den Fortschritt in der Biologie nicht hilfreich sei. Diese Überzeugung gipfelte in der zwingenden Notwendigkeit, eine umfassende Reform der Morphologie durchzuführen, wie sie unter anderem vom Biologen D'Arcy Thompson unternommen wurde (siehe 3. Kapitel).

Form und Organizismus

Im Jahr 1879 wurde in Leipzig das erste Laboratorium für experimentelle Psychologie unter der Leitung des Psychologen Wilhelm Wundt (1832–1892) eröffnet. Dieses Ereignis initiierte die Begründung der experimentellen Psychologie als eigenständige experimentelle Wissenschaft. In Wundts Laboratorium arbeiteten mehrere prominente Persönlichkeiten der damaligen Zeit zusammen. Zu ihnen gehörte der englische Psychologe Edward Bradford Titchener (1867–1927), der als Begründer des Strukturalismus[52] gilt. Titcheners Ziel war es, die fundamentalen, grundlegenden Elemente des Bewusstseins zu beschreiben und zu klassifizieren, um zu verstehen, ob und wie sie in Relation zueinanderstehen. Die Strukturalisten betrachteten den Geist als ein Puzzle, in dem verschiedene und vielfältige Sinneseindrücke zusammenkommen. Aus dieser Verschmelzung entstehen Objekte, wie sie in der Außenwelt erlebt werden. So setzt sich z. B. eine Suppe aus n elementaren Empfindungen zusammen. Durch die wiederholte Aggregation dieser n Sinneseindrücke können wir vernünftigerweise behaupten, dass das, was wir essen, eine Suppe mit Pilzen ist, weil uns vergangene Erfahrungen lehren, wie wir Sinneseindrücke auf sinnvolle Weise zusammenbringen können.

Innerhalb dieser Perspektive resultieren Objekte und Empfindungen aus der Aggregation elementarer Qualitäten: Wahrnehmungen können in Empfindungen aufgelöst werden, Ideen in mentale Bilder und Emotionen in tatsächliche Zustände von Liebe-Hass oder Traurigkeit-Freude. So bilden sie eine Art Chemie des Psychischen.

In offener Opposition zum Strukturalismus entwickelte das Berliner Institut für experimentelle Psychologie unter der Leitung des deutschen Philosophen und Psychologen Carl Stumpf (1848–1936) ein ganzheitliches Forschungsprogramm, das schließlich zum Begriff der Gestaltpsychologie führte.[53] Stumpf begann seine theoretische Forschung, indem er den Psychologismus und die von Kant in seiner ersten Kritik[54] eingeführte apriorische Synthese entschieden kritisierte. In seinem 1873 erschienenen Buch *Über den Psychologischen Ursprung der Raumvorstellung* beschäftigte sich Stumpf mit dem Problem der Abstraktion in der Raumwahrnehmung. Anhand seiner Kritik an Kant und den Strukturalisten legte Stumpf seinen Ausgangspunkt fest: die Untersuchung, wie sich der Raum und die Raumvorstellung in unserer Vorstellungstätigkeit zueinander verhalten. Um dieses Problem zu lösen, teilte er alle Repräsentationsinhalte in zwei Klassen ein: in selbständige Inhalte und Teilinhalte. Erstere können im Gegensatz zu den letzteren aufgrund ihrer intrinsischen Qualitäten separat repräsentiert werden. Stumpf bemerkte, dass der Mensch sich keinen Farbton ohne eine bestimmte Helligkeit vorstellen kann, oder eine Bewegung ohne eine Geschwindigkeit, und dass es offensichtlich unmöglich ist, Farbe ohne Ausdehnung oder Ausdehnung ohne Farbe wahrzunehmen.[55]

Stumpfs Antwort auf das Verhältnis von menschlichen Repräsentationen und Raum war weder kantianisch (Raum als apriorische Erscheinungsform) noch strukturalistisch (Raum als auf einer habituellen Assoziation von Strukturelementen, die stabile Ergebnisse hervorbringt, beruhend). Im Gegensatz dazu wird der Raum »ursprünglich und direkt wahrgenommen«[56], weil sowohl die räumliche Repräsentation als auch die Objektqualität abhängige Konzepte sind, die nicht getrennt voneinander repräsentiert werden können. Sie sind nur als ein Ganzes wahrnehmbar, das sich vor dem Wahrnehmenden manifestiert.

In diesem Zusammenhang ist der bahnbrechende Aufsatz *Über Gestaltqualitäten* (1890) des Philosophen Christian von Ehrenfels (1859–1932) zu lesen. In seiner Schrift prägte der österreichische Philosoph den Begriff »Gestaltqualitäten«, um Formen zu bezeichnen, die mehr sind als eine Summe oder Assoziation von Einzelteilen. Laut von Ehrenfels seien Objekte mehr als die bloße Summe von Empfindungen. Sie entstehen aus der inneren Konfiguration der Teile, aus denen sie zusammengesetzt sind. Wie die Historikerin Anne Harrington es zusammengefasst hat, »liegt das Wesen einer Melodie nicht in ihren spezifischen Noten, sondern in der bedeutungsvollen Ordnung, die diese Noten zusammen erzeugen. Das ist der Grund, warum eine Melodie in eine Vielzahl von Tonarten transponiert werden kann und immer noch erkannt wird«.[57]

Gestaltpsycholog:innen arbeiteten die von Ehrenfels gelieferte Einsicht weiter aus. Sie lehnten das Modell der Assoziation ab, das auf einer strukturalistischen Matrix basierte. Stattdessen schlugen sie vor, Form als eine organische Synthese aufzufassen. Dabei entwickelten sie die These, dass sich alle Objekte primär als geschlossene und autarke Einheiten darstellen. Diese konstituieren sich demnach als selbstregulierende Entitäten unabhängig von den vergangenen und zukünftigen Erfahrungen, die die Betrachter:innen mit ihnen gemacht haben könnten.

Neben den Gestaltpsycholog:innen schlugen auch einige Philosoph:innen einen selbstregulierenden Begriff der Form vor. So entwickelte der deutsche Philosoph Edmund Husserl (1859–1938) eine Theorie, die das Wesen und die Wesensgesetze aufzeigte, die die Zusammensetzung von Objekten so ordnen, dass diese als organische Ganzheiten wahrgenommen werden können. In Anlehnung an Stumpf und andere Gestaltpsychologen untersuchte Husserl die Beziehung zwischen abhängigen und unabhängigen Teilen.[58]

Die Liste der Wissenschaftler:innen und Philosoph:innen, die einen holistischen Ansatz zur Gestalt entwickelten, lässt sich noch um viele Namen erweitern. Wie Harrington und andere Historiker:innen untersucht haben, war der holistische Ansatz ein Produkt der deutschen Kultur des frühen 20. Jahrhunderts[59].

Im Laufe des 20. Jahrhunderts wurde der dritte Ansatz zur Erforschung der organischen Form, und zwar der Organizismus, etabliert. Dieser dritte Weg zwischen Vitalismus und Mechanismus fand in der ersten Hälfte des 20. Jahrhunderts auch unter Biolog:innen große und umfassende Anerkennung und hat noch für das heutige evolutionäre Denken Relevanz.[60] In Anlehnung an Goethe, aber auch an andere in der Romantik wirkende Biologen, betonten Biologen wie Ludwig von Bertalanffy (1901–1972), Conrad Hal Waddington (1905–1975) und Paul Alfred Weiss (1898–1989), dass die Form mehr ist als die bloße Summe ihrer Teile, aus denen sie sich zusammensetzt. Darüber hinaus deuteten sie an, dass die Materialeigenschaften der Form Schlüsselfaktoren für morphogenetische Prozesse sind. Sie entwickelten die Idee, dass Ingenieure die der Form innewohnende Dynamik nutzen könnten, um von der Natur inspirierte Technologien und Produkte zu entwerfen.

Der Informatiker Rolf Pfeifer erklärte in einem einflussreichen Artikel, dass die Übersetzung von der Natur in technologische Artefakte auf den inhärenten Eigenschaften der Form beruht. Wie er es ausdrückte, »verspricht die Ausnutzung der Dynamik, die von Materialien und morphologischen Eigenschaften sowie der Interaktion zwischen physikalischen und Informationsprozessen ausgeht, die Möglichkeiten etablierter steuerungsbasierter Roboterentwurfsmethoden zu erweitern«[61].

Form und Design: die Architektur der Form

Neben diesen drei bereits skizzierten Methodologien, die in der biologischen Mainstream-Debatte in der ersten Hälfte des 20. Jahrhunderts diskutiert wurden, hat sich ein anderer, wenn auch scheinbar peripherer Ansatz zur Analyse des Problems der organischen Form durchgesetzt: der architektonische Ansatz der Morphologie. Dieser etablierte sich, im Gegensatz zu den drei oben genannten Ansätzen, nie zu einer einheitlichen Bewegung. Vielmehr durchzog sie die anderen drei Ansätze während des letzten Jahrhunderts. Biologen, die das Studium der Form, das ich den »architektonischen Ansatz der Morphologie« genannt habe[62], unterstützten, wurden häufig entweder zu Mechanisten, Vitalisten oder Organizisten. Darüber hinaus kamen ihre Vertreter aus vielen verschiedenen biologischen Teildisziplinen, die sich für evolutionäre Fragen, Verhaltens- und biomechanische Themen oder Paläontologie und andere Forschungsgebiete interessierten.

Die Praktiker dieses Zugangs zur morphologischen Forschung identifizierten die Form als das, was aus den Organisationsprinzipien hervorging. Die chemischen Eigenschaften von Organismen oder Maschinen, d. h. ihre Materialität, waren nur ein Aspekt für das Verständnis des Wesens der Form. Zentral war vielmehr der Begriff der Anordnung. Wie der amerikanische Zoologe Herbert Spencer Jennings (1868–1947) schrieb, »finden wir bei niederen Organismen wie bei höheren Tieren, dass die Art der Reaktionen hauptsächlich auf die charakteristischen Anordnungen des Materials und nicht auf die Eigenschaften der einfachen, ungeordneten Substanz zurückzuführen ist. Diese niederen Organismen liefern daher Probleme, die sich in ihrer Art nicht von dem unterscheiden, was wir bei höheren Tieren finden«.[63] Die Konzentration auf die funktionelle Anordnung der Form ermöglichte es dem Biologen, Organismen und Maschinen in einen Zusammenhang zu bringen, und zwar aus einer anderen und neuen Perspektive. Jennings kündigte an, dass diese neue Methodik in der Lage war, »zu zeigen, dass niedere Organismen, wie höhere, typische *Anordnungen von Material* sind« und »in dieser Hinsicht maschinenähnlich«.[64] Durch die Verlagerung der Beanspruchung von Materialien auf Strukturen wäre es für die Morphologen möglich zu untersuchen, wie Strukturelemente kombiniert werden können, um organisierte Formen zu erhalten. »Aus einer bestimmten Masse an Material«, bemerkte Jennings, »könnten wir entweder eine Uhr oder eine Türklingel oder eine Stahlfalle oder ein Musikinstrument herstellen, – und wir könnten diese leicht so anordnen, dass jedes in seiner charakteristischen Weise reagiert, wenn ein elektrischer Strom auf sie einwirkt [...]. Die spezifische Wirkung jedes einzelnen hängt von der spezifischen Anordnung seines Materials ab. Das ist genau das, was wir in Organismen finden, sowohl in den niedrigsten als auch in den höchsten«.[65]

Der deutsche Anatom und Arzt Hans Petersen (1885–1946) betonte genau denselben Punkt, obwohl er aus einem anderen disziplinären Umfeld stammte. Er kam zu einer neuen Definition von Form, die diese Idee überzeugend zusammenfasste. Er definierte die Form »als fertige Lösung einer konstruktiven Aufgabe«.[66] Formen wurden mit Konstruktionen gleichgesetzt, d. h., sie waren als das kohärente Ergebnis des Zusammenfügens verschiedener Elemente zu einem stabilen und geordneten Gegenstand gemeint. Dadurch wurde die Entwicklung eines Organismus in erster Linie als ein technisches Problem konzipiert.

Ein weiteres wichtiges Merkmal dieser architektonischen Annäherung an die Morphologie war die Verwendung eines technischen Vokabulars zur Beschreibung der Formanpassung. So beschrieb beispielsweise der deutsche Paläontologe Adolf Seilacher (1925–2014) die morphologischen Merkmale von versteinerten Lebensspuren auf sehr technische Art und Weise:

Die Form-Merkmale vieler Lebensspuren (= ›tierische Artefakte!‹) sind in erster Linie *zweckbedingt*. Man kann sie daher nicht nur durch ihren kausalen Zusammenhang mit der Konstruktion ihres Urhebers, sondern auch durch ihre ökologische und ›technische‹ Bedeutung (d. h. teleologisch) unmittelbar verständlich machen.[67]

Darüber hinaus sprach der britische Paläontologe Martin Rudwick von einem quasi ingenieurmäßigen Ansatz für Formanalysen, um seine Betonung der Formanordnung zu verdeutlichen. Er benutzte ihn, um den Rückschluss von einer Form, d. h. einer Struktur, auf ihre mögliche Funktion zu begründen. Zum Beispiel schrieb er:

Aus unseren Kenntnissen über natürliche und künstliche Tragflächen und über die strukturellen Voraussetzungen für ihren erfolgreichen Betrieb schließen wir, dass die Vorderextremität des Pterodaktylus physisch in der Lage gewesen wären, als Tragfläche zu funktionieren. Aus unserer Kenntnis des Energiebedarfs für den Kraftflug und der Energieabgabe des Wirbeltiermuskels schließen wir, dass er nicht in der Lage gewesen wäre, als Schlagflügel für den Kraftflug zu funktionieren.[68]

Diesem Vorbild folgend erklärten Stephen A. Wainwright und Kollegen in ihrem einflussreichen Buch *Mechanical Design in Organism*: »Wir glauben, dass das Studium des mechanischen Designs in Organismen mit dem Ansatz des Maschinenbauingenieurs und des Materialwissenschaftlers das Verständnis von Organismen auf allen Organisationsebenen von Molekülen bis hin zu Ökosystemen fördern kann«.[69] Daher förderte die Verwendung eines technischen Vokabulars die Untersuchung der ähnlichen Konstruktionsprinzipien, die sowohl Maschinen als auch Organismen gemeinsam haben.

Aus methodologischer Sicht vertreten diese Praktiker die Auffassung, dass die funktionale Organisation der organischen Form, d. h. das Prinzip, das für ihren inneren Aufbau verantwortlich ist, nur durch die Zusammenführung all der verschiedenen Elemente und Beziehungen, die sie zusammenhalten, erfasst werden kann. Folglich verteidigte die Mehrheit von ihnen das, was sie eine synthetische Methodologie nannten. So schlug Seilacher beispielsweise ein Arbeitskonzept für die Morphologie vor, welches darauf abzielt, alle möglichen Elemente zu erfassen, die für die Morphogenese verantwortlich sind. Er sah die Form als das Ergebnis von drei sich gegenseitig einschränkenden Faktoren an: Herstellung sowie funktionelle und phylogenetische Einschränkungen. Um mögliche morphologische Erklärungen zu liefern, sollten sich die Biologen auf alle diese Faktoren konzentrieren und untersuchen, welche dieser Elemente eine größere Rolle spielen.[70]

In diesem Kapitel wurden die wichtigsten Methoden vorgestellt, mit denen der Begriff der organischen Form in der ersten Hälfte des 20. Jahrhunderts untersucht und definiert wurde. Diese vier morphologischen Ansätze standen im Laufe des 20. Jahrhunderts in engem Zusammenhang und beeinflussten auch die Forschung des 21. Jahrhunderts maßgeblich. Insbesondere die Überwindung der Grenzen zwischen natürlichen und technischen Formen beruht, wie in den folgenden Kapiteln gezeigt wird, auf einer Vertiefung der zu Beginn des 20. Jahrhunderts entwickelten Definitionen und Identifikationen und auf einer praktischen Umsetzung von Verfahren und Methoden, die auf eine konzentrierte Untersuchung der morphogenetischen Strukturen und Dynamiken abzielen. Im nächsten Kapitel gehe ich darauf ein, wie philosophische Ansätze zum Konzept der organischen und technischen Form in den architektonischen und künstlerischen Disziplinen zirkulierten und neue Praktiken und Einstiegspunkte für die Untersuchung biotechnischer Formen lieferten.

2. BIOTECHNISCHE FORMEN DES 20. JAHRHUNDERTS

»Ich glaube, dass wir in eine unendlich ernsthaftere Periode eintreten, in der wir nicht mehr das Recht haben werden, Dinge auf etwas zu kleben, sondern in der der reine, regenerierende Geist der modernen Zeit durch Organismen mit einem mathematischen Inneren ausgedrückt wird, das präzise und inhärente Orte umfasst, an denen das Kunstwerk seinen vollen Wert erhält, in genauer Übereinstimmung mit den potentiellen Kräften in der Architektur«[71]. Mit diesen Worten äußerte sich der schweizerisch-französische Architekt Le Corbusier (1887–1965) zu dem, was seiner Meinung nach die Malerei und die gesamte Kunst seit 1930 charakterisierte: Kunst und Architektur stehen im Einklang mit biologischen Organismen.

In diesem Kapitel werden die Entwicklungen der Biotechnik, d. h. einer Disziplin, die darauf abzielt, technologische Werkzeuge auf der Grundlage der Strukturen der Natur zu entwickeln, und ihre theoretischen Voraussetzungen in ihren Anfängen während der ersten Jahrzehnte des 20. Jahrhunderts analysiert. Um die Praktiken zu untersuchen, die das technische und ingenieurwissenschaftliche Studium organischer Formen charakterisierten und dann bioinspirierte Artefakte hervorbrachten, werde ich zunächst auf das eingehen, was als Sünde betrachtet wurde: die Nachahmung[72]. Einstimmig lehnten Ingenieur:innen und Architekt:innen die Idee gänzlich ab, dass die Biotechnik auf einer Nachahmung der Natur beruht. Die technischen und technologischen Formen, die durch eine minutiöse Analyse der Natur hervorgebracht werden können, seien keine bloße Umsetzung des Anscheins natürlicher Formen, lautet die These. Um Maschinen herzustellen, die fliegen können, so das Argument gegen das Problem der Mimesis, muss der Ingenieur nicht die Form der Flügel der Vögel kopieren, sondern das Prinzip, das sie erzeugt hat.

Im Folgenden soll der philosophische Rahmen erörtert werden, vor dessen Hintergrund der Philosoph Ernst Kapp (1808–1896) zur Erklärung des Ursprungs und der Entwicklung der Technik argumentierte. Dieser theoretische Rahmen wird später jedoch vom Begründer der Biotechnik, dem österreichisch-ungarischen Botaniker Raoul Heinrich Francé (1874–1943), teilweise abgelehnt. Dieser vertrat stattdessen die Idee, dass die Biotechnik auf der Herstellung und der Betrachtung natürlicher und, laut Francé, perfekt angepasster, in der Natur entstandener Formen beruht. Auf den folgenden Seiten wird entsprechend untersucht, wie Francés Ideen in der Architektur der Mitte des 20. Jahrhunderts fruchtbar gemacht wurden. Obwohl Architekten und Ingenieure diese Ideen begrüßten, wurden starke Zweifel an dem von Francé vertretenen Formbegriff geweckt. Der Hauptkritikpunkt war, dass die von Francé befürworteten hochgradig anpassungsfähigen Prozesse nicht nachweisbar seien. Daher implizierte die von Francé vertretene These der Vollkommenheit der Produktion natürlicher und technischer Formen die tatsächliche Unterstützung eines metaphysischen Formbegriffs. Dies, so einige von Francés Kritikern, sei seine größte Schwäche: statische und unveränderliche Formen vorausgesetzt zu haben, was Architekten und Ingenieure dazu zwang, diesen Formbegriff aufzugeben.

Die Sünde der Nachahmung

Eine von Francé 1920 erzählte Anekdote veranschaulicht, wie organische Formen anhand einer technischen und architektonischen Herangehensweise untersucht und produziert werden können. Während eines Besuchs bei seinem ehemaligen Lehrer, dem deutschen Biologen Ernst Haeckel (1894–1919), hatte Francé die Gelegenheit, mit ihm über die Beziehung zwischen organischer Form, Kunst und Architektur zu sprechen. »Sie haben viertausend neue Formen dieser Tiere beschrieben«, sagte Francé zu Haeckel, »und deshalb haben Sie, besser als jeder Mensch, der je gelebt hat, das Gesetz der organischen Gestaltung untersucht«.[73] Haeckel antwortete, dass ihm durch seine akribische Arbeit die Natur als Kunst erschienen sei. Und, so fuhr Haeckel fort, »meine Arbeit an den ›Kunstformen der Natur‹ gibt unseren Künstlern im Wesentlichen eine Bibel des künstlerischen Schaffens in die Hand; wenn sie sie richtig verwenden, fleißig davon abschreiben und aus den Bildern kombinieren, wird es sicherlich eine Blüte der Kunst geben, und nicht zu vergessen auch ein Kunsthandwerk, wie es so noch nie gesehen wurde«[74]. Francé konnte diesen Standpunkt nicht akzeptieren. Er warf Haeckel vor, »ein fremdes Gestaltungsprinzip in eine Welt eingeführt zu haben, deren Gesetze eigene, aus den eigenen Bedürfnissen heraus gestaltete Formen verlangen«.[75] Er fuhr fort:

> Unsere Künstler sind sich nicht bewusst, dass sie mit einer solchen Nachahmung fremder Gesetze gegen das Gesetz der ›Organizität‹ verstoßen – sie sind sich dessen ja kaum bewusst, machen aus der Not eine Tugend und sind noch immer stolz darauf –, aber unbewusst spüren sie die Sünde und drücken sie so aus, dass sie Widerstand und ästhetischen Widerspruch empfinden. Ich denke, das ist der Grund, warum Ihre ›Kunstformen der Natur‹ so wenig Anerkennung und vor allem so wenige Schüler gefunden haben.[76]

Francé machte auf die der Form innewohnenden Anforderungen und Notwendigkeiten aufmerksam. Weder der Künstler noch der Ingenieur sollte die Natur einfach nur kopieren, sondern sie sollten vielmehr verstehen, wie sie ihre Anforderungen erfüllt.

Architekt:innen und Designer:innen haben diesen Rahmen in der Mitte des 20. Jahrhunderts bereitwillig akzeptiert. Insbesondere wandten sie ihn auf das Verständnis an, wie mögliche Formen technisch hergestellt werden konnten. In den letzten Jahrzehnten des 20. Jahrhunderts erfuhr dieser Ansatz einen zweiten Wendepunkt durch die Einführung einer paläontologischen Praxis und der Datenvisualisierung in das bio-inspirierte Architekturdesign.

Die folgenden Seiten setzen sich zunächst mit dem Begriff der biotechnischen Form auseinander, wie dieser von Francé in der ersten Hälfte des zwanzigsten Jahrhunderts theoretisiert wurde. Ich werde mit einer Analyse des philosophischen Fundaments der möglichen Übertragbarkeit von organischen Formen in technischen Artefakten während der ersten Hälfte des 20. Jahrhunderts beginnen. Nach der Untersuchung von Francés Praktiken werde ich erarbeiten, inwiefern die ingenieurwissenschaftliche Methodik von Francé und anderen Biologen von Architekt:innen während des 20. Jahrhunderts angenommen wurde.

»Die mechanische Nachformung einer organischen Form«: Ernst Kapps Suche nach Formen

Zwischen dem Ende des 19. und der Mitte des 20. Jahrhunderts erreichte die Interaktion zwischen Bio- und Ingenieurwissenschaften einen Höhepunkt. Biologen, Architekten und Philosophen arbeiteten gemeinsam an der Konkretisierung eines zentralen Themas, das die Geschichte der Architektur seit ihrer Entstehung beschäftigte: die Möglichkeit, biologische Formen in architektonische Formen zu übertragen. Dieses Forschungsthema wurde im Rahmen der umfassenderen biologischen Frage behandelt, ob Organismen auf mechanistische Prozesse reduziert werden können.

1877 veröffentlichte der deutsche Philosoph Ernst Kapp (1808– 1896) seine *Grundlinien einer Philosophie der Technik*. Dieses Buch gilt als das Begründungswerk der Technikphilosophie als einer philosophisch unabhängigen Disziplin. Der Ausgangspunkt Kapps ist folgender: Indem er die Bedeutung der Technik, ihren Ursprung und ihren Beitrag zur Kultur des Menschen umreißt, muss er einen klassischen methodischen Ausgangspunkt der Philosophie neu definieren: den Begriff der äußeren Welt. In der Außenwelt, in der bei Kapp sogenannten »Natur«, gibt es nicht nur »natürliche« Phänomene. Zu dieser äußerlichen Ebene gehören auch die vom Menschen geschaffenen Artefakte sowie Kulturprodukte. So behauptete Kapp: »[W]as ausserhalb des Menschen ist, besteht demnach aus Natur- und Menschenwerk«.[77]

Dieser Ausgangspunkt ist bei Kapp überaus funktional, da er jede Spannung zwischen Natur und Technik oder zwischen Natur und Kultur beseitigt. Die wesentliche Frage lautet daher, wie technische Artefakte entstehen können, die essenzielle Aspekte mit der natürlichen Welt teilen. Diese Frage beantwortet Kapp mit einer Entstehungsgeschichte, die die wichtigen und grundlegenden Merkmale dieses Übergangs hervorhebt.

Im Mittelpunkt dieser Entstehungsgeschichte steht der Formbegriff, und zwar der Begriff der organischen Form. Dieser wird von Kapp in seiner altgriechischen Etymologie erfasst. Da »Organ« [ὄργανον] etymologisch sowohl Körperteil als auch das instrumentelle Werkzeug bedeutet, bezeichnet es die organische Form sowohl unseres Körpers als auch von Werkzeugen. Das eindrücklichste Beispiel für ein Organ ist für Kapp unsere Hand: »Unter den Extremitäten gilt die Hand wegen ihrer dreifachen Bestimmung im verstärkten Sinne als Organ. Einmal nämlich ist sie das angeborene Werkzeug, sodann dient sie als Vorbild für mechanische Werkzeuge und drittens ist sie als wesentlich betheiligt bei der Herstellung dieser stofflichen Nachbildungen, wie Aristoteles sie nennt – ›Das Werkzeug der Werkzeuge‹«[78].

Aufgrund ihrer Struktur und Funktion, was Kapp als »Form« bezeichnet, ist unsere Hand geeignet, verschiedene einfache Arbeiten zu leisten. Das ist der wesentliche Punkt für Kapp: Da die Form eines Organs für die Durchführung einfacher Aufgaben zentral ist, brauchen wir bei der Realisierung von stets komplexeren Aufgaben ein geeignetes Werkzeug, das die Arbeit eines einfachen Organs – wie etwa der Hand – erweitern und optimieren kann. An dieser Stelle kommt die Technik ins Spiel. Technik entsteht durch und basiert auf der Standardisierung und Vervollständigung einer organischen Form wie die unserer Hand: »Unter Benutzung der in der unmittelbaren Umgebung nächst ›zur Hand‹ befindlichen Gegenstände erscheinen die ersten Werkzeuge als eine Verlängerung, Verstärkung und Verschärfung leiblicher Organe«[79]. Kapp bezeichnete diesen Übergang von organischen zu technischen Formen als Projektion, so sei ein »Hammer […] wie alles primitive Handwerkzeug eine Organprojektion«.[80]

Der Mensch hat die Formen seiner Organe in die primitiven technischen Organe projiziert. Technische Werkzeuge sind daher die »mechanische Nachformung einer organischen Form«.[81] Mit einer Projektion, die Kapp »mehr oder weniger [als] das Vor- oder Hervorwerfen, Hervorstellen, Hinausversetzen und Verlegen eines Innerlichen in das Äußere« definiert, werden dementsprechende neue technische Formen gestaltet. Es »ist demnach«, schreibt Kapp, »der Vorderarm mit zur Faust geballter Hand oder mit deren Verstärkung durch einen faßbaren Stein der natürliche Hammer, so ist der Stein mit einem Holzstiel dessen einfachste künstliche Nachbildung«.[82]

Obwohl, und hier wird eine erste mögliche Schwierigkeit in Kapps Philosophie deutlich, die Verlegung eines Innerlichen in das Äußere nützlich sein kann, um *einfache* Artefakte zu erklären, sehen wir, dass die später entwickelten, komplexeren technischen

Formen – die »mechanische Nachformung einer organischen Form«[83] – schwerer zu fassen sind. Wie ist also der Übergang von einfachen Instrumenten zu immer komplexeren Artefakten möglich? Kann vor diesem Hintergrund überhaupt noch auf das Erklärungsmodell der organischen Projektion zurückgegriffen werden?

Kapp reagiert auf diesen Einwand, indem er konstatiert, dass er das zur Diskussion stehende Problem in seiner Tiefe durchschaut hätte. Seiner Ansicht nach gibt es keine statische Definition von Formen. Formen sind immer in Bewegung. Es gibt eine kontinuierliche Metamorphose zwischen den erzeugten und den noch zu projizierenden Formen: Zwischen den technischen Produkten, die als erstes entstanden sind (wie der Hammer), und den komplexeren (wie den Presslufthammer) gibt es eine fiktive metamorphische Linie. Diese Wandlung und Umwandlung von Formen garantiert, dass selbst höchst komplexe technische Artefakte auf die primitivsten Formen zurückgeführt werden könnten — und damit sind sie auf der ursprünglichen Organprojektion begründet. Wie Kapp schreibt, ist es möglich, »die elementare Beschaffenheit des Werkzeuges in allen späteren Metamorphosen des Gegenstandes wieder zu erkennen«.[84]

Nachdem diese erste Schwierigkeit aufgelöst ist, konzentriert sich Kapp auf den folgenden kritischen Punkt: Wenn durch die Metamorphose die Entstehungsbegründung komplexer technischer Formen zu den projizierten Grundprinzipien gewährleistet ist, stellt sich die Frage, wie technische Formen zu rechtfertigen sind, die entwickelt wurden, ohne dass ihr organisches Äquivalent bereits bekannt war. Mit anderen Worten: Wie erklärt man technische Instrumente wie die *Camera Obscura* oder Konstruktionen wie beispielsweise Brücken? Kapps Antwort folgt dem Konzept der unbewussten Projektion. Organische Formen werden unbewusst auf technische Konstruktionen übertragen. Ein kurzes Beispiel soll dieses Konzept erläutern. Es wurde festgestellt, dass die Konstruktion unserer Augen der einer *Camera obscura* »ganz analog« ist. Kapp erklärte diese Tatsache anhand des Begriffes der unbewussten Projektion: Das ist das »von dem Organ aus unbewusst projizierte mechanische Nachbild«[85] der *Camera Obscura*. Die gleiche Dynamik begegnet uns bei der Frage, warum die innere Struktur der Knochen, die während der zweite Hälfte des 19. Jahrhunderts festgestellt wurde, völlig identisch mit der Tragkonstruktion einer Brücke ist. Kapps Erklärung lautet: »Die Natur hat den Knochen aufgebaut, wie der Ingenieur seine Brücke«[86].

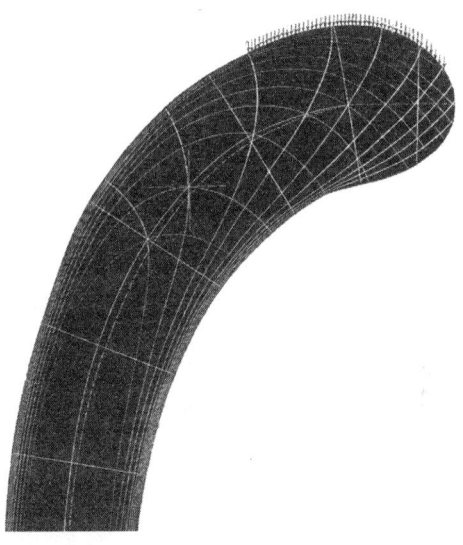

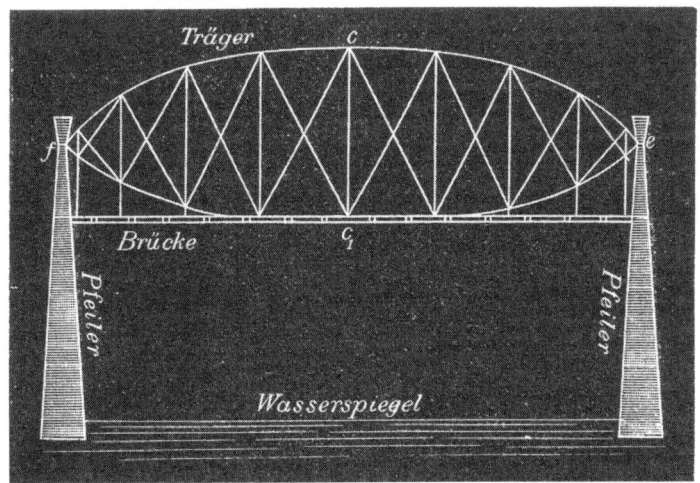

Abb. 1: Zug- und Drucklinien eines Knochens (oben), die dieselbe Form und Funktion bei der Brückenkonstruktion ausüben (unten). Aus: Kapp 1877, 115–117.

Kapps Reflexionen sind für das folgende Argument sehr wichtig, weil sie unterstreichen, dass Technik und Natur nicht zu trennen sind: Technik ist ein Teil der Natur und teilt mit ihr dieselben Grundprinzipien. Zudem zeigt Kapps Philosophie der Technik, dass technische Formen kein Produkt genialer Menschen sein können. Im Gegenteil, Formen sind dem »normalen« Menschen innewohnend, denn sie entstehen aus einer grundlegenden Verflechtung von Körpern und natürlichen Formen. Technische Formen stammen daher aus dem gleichen Material wie die natürlichen Gestaltungen. Da beide über denselben Ursprung verfügen, lernt der Mensch sich durch die Erstellung von technischen Formen selbst kennen: Die dem organischen Vorbild nachempfundene Form eines Werkzeuges »dient seinerseits wieder nach rückwärts als Vorbild zur Erklärung und zum Verständnis des Organismus, dem es seinen Ursprung verdankt«[87].

Dieser Punkt des reflexiven Erkennens bringt die mehrdeutige Funktion der technischen und ingenieurwissenschaftlichen Prinzipien in der Philosophie Kapps zum Vorschein. Sie sind einerseits das Ergebnis einer organischen bewussten oder unbewussten Projektion, die die Kulissen für den Aufbau der Zivilisation und damit der menschlichen Kultur bereitstellt. Andererseits gelten sie als Hilfsmittel: Der Mensch kann durch die Reflexion der technischen Formen verstehen, wer er ist. In der Tat, wenn diese »die mechanische Nachformung einer organischen Form« sind, dann können wir die Strukturen unseres Körpers verstehen.

Kapp unterstützt eine typologische Vorstellung von Form. Nach Kapp gibt es organische Grundformen oder Grundtypen, die die Technik ermöglichen. Bei der Beschreibung des Übergangs von einfacheren Objekten wie dem Hammer zu komplexeren Instrumenten wie der Axt schreibt Kapp explizit, dass dieselbe »Grundform sich dann in verschiedene technische Geräte und Artefakte umgewandelt [hat]«.[88] Und er fährt fort: »Diese je nach Material und Gebrauchszweck sehr mannigfach veränderte Grundform des Hammers hat sich unter anderen im Hand- und im Zuschlaghammer der Schmiede und im ›Fäustel‹ der Bergleute unverändert erhalten und ist sogar in dem kolossalsten Dampfstahlhammer noch erkennbar«.[89] Die Grundform spielt dieselbe Rolle in den metamorphischen Prozessen: Die »elementare Beschaffenheit des Werkzeuges« ist an sich die typologische Idee von organischen Formen, die immer wieder in der zukünftigen Entwicklung von technischen Elementen zu finden ist. Kapp vertritt demnach die Auffassung einer Existenz essentieller Grundformen. Diese verhalten sich als platonische Ideen, die in jeder möglichen konkreten Form instanziiert werden. Es bleibt jedoch unklar, wie, erstens, neue Grundformen entstehen und, zweitens, ob und inwiefern diese miteinander verbunden werden können. Obwohl Kapp die Metamorphose der Formen anerkennt, hält er an einer völlig statischen Relation zwischen Technik und organischer Welt fest. Die Grundlage dieser Relation liegt in der statischen Natur der organischen Formen. Der Morphologe Kapp stellt uns somit eine Metamorphose ohne Morphogenese bereit. Er liefert zwar ein Konzept der Form als stabilen, aber auch als statischen Behälter: Die Formen sind starre und zeitlose Gestaltungen. Dabei nähert sich Kapp idealistischen Positionen, die den Formwechsel auf der Grundlage von Veränderungen typologischer Paradigmen erklären[90]. Kapp betont daher die fruchtbare Verflechtung dieser beiden Ebenen. Diese basiert allerdings auf einem metaphysischen und mythischen Formenkonzept, das im Folgenden herausgearbeitet werden soll.

Die Begründung der Biotechnik

Zu Beginn der 1920er Jahre unternahm der österreichische Botaniker Francé einen grundlegenden Schritt hin zu einer wesentlichen und detaillierten Definition und Verwendung der biologischen Form. Er begründete eine Disziplin, die speziell die Übertragbarkeit organischer Formen auf die Technik untersuchen sollte: die Biotechnik. Diese Disziplin sollte eine Brücke zwischen der natürlichen und der technischen Welt schlagen. Biotechnik wurde dabei als »die Kunst, das Wissen, um die Funktionen lebender Systeme auf technische Probleme anzuwenden, d. h. als eine biologische Ingenieurwissenschaft« definiert.[91]

Francé war ein großer Bewunderer von Kapps Philosophie der Formen. Er betrachtete jedoch Kapps Philosophie, insbesondere den Begriff der Organprojektion, als metaphysisches Vermächtnis, das für die Gründung einer ernsthaften technischen Untersuchung der organischen Formen schädlich sei. Francé schreibt explizit dazu, dass »Kapp, Philosophie der Technik, [...] die Biotechnik auf den Abweg des metaphysischen Begriffes der ›Organprojektion‹ führte«.[92] Francés Anliegen war es, die konkrete Beziehung zwischen Technik und organischer Form wiederherzustellen. Obwohl Francé einige Aspekte der Philosophie Kapps kritisiert, teilt er mit ihm auch wesentliche theoretische Ansätze, vor allem die typologische Auffassung der Form.

Francé wurde 1874 in Wien geboren. Er studierte autodidaktisch Chemie und Mikrotechnik. Im Jahr 1898 wurde er zum stellvertretenden Leiter des Instituts für Pflanzenschutz an der Landwirtschaftsakademie in Ungarisch-Altenburg ernannt. Hier veröffentlichte er sein erstes Werk über Naturphilosophie. 1906 gründete er die Deutsche Mikrologische Gesellschaft, welcher er als Direktor vorstand. Francé war der festen Überzeugung, dass es einen engen Zusammenhang zwischen den Prozessen in organischen und technischen Formen gibt. Seine Theorie beruht auf der Idee, dass die organische Form als die von der Natur entwickelte technische Lösung zur Überwindung einer bestimmten Problematik betrachtet werden könnte. Die Faszination von Ingenieuren für natürliche Formen rührte deshalb von der Erkenntnis her, dass die Natur auf die gleiche Weise funktioniert wie ein Ingenieur, der Produkte entwirft. Aufgrund der Ähnlichkeit des ›Designverlaufs‹ nahm man an, dass die menschliche Technologie den natürlichen Prozess der Formgebung weiterentwickeln könnte. Denn, so Francé, jeder Prozess ist mit einer bestimmten technischen Form verbunden.

In seinen über sechzig Monographien lieferte Francé zahlreiche Beispiele für den Austausch von Konstruktionsprinzipien zwischen der Natur und der menschlichen Technik, darunter auch die technische Erklärung für die Mechanismen und die Konstruktion von Turbinen. Francé bemerkte, dass es im »biotechnischen Museum der Natur« eine erstklassige Sammlung von perfekt funktionierenden und vollkommenen Turbinen gibt.[93] Untersuchte man nämlich als Ingenieur die Familie der *Peridineae* (*Dinoflagellatae*)[94], so würde man diese als optimierte Turbinen wahrnehmen und in ihrer Funktionalität als Turbinen bezeichnen können. Mithilfe solcher ›natürlicher Turbinen‹ ist es den *Peridineaen* möglich, in den Tiefen des Ozeans umherzutreiben. Francé behauptete, dass man bei der Beobachtung dieser Einzeller auch ohne Ingenieurwissen feststellen kann, »dass die Seitenströmungen, die durch diese Formation in die spiralförmigen Bahnen abgewendet werden, den ganzen Körper zwingen, sich wie ein Mühlrad zu drehen«[95]. Aufgrund dieser Struktur kann sich der Organismus selbst nach oben treiben, indem Wasser eintritt und durch die Turbine gefiltert wird. Daraufhin erzeugt das System »einen ökonomischen Überdruck, der sich in der beschleunigten Bewegung der Zelle beobachten lässt«.[96]

Aus seiner Analyse des Form-Funktion-Komplexes der *Peridineae*-Familie schloss Francé, dass es offensichtlich erscheint, dass die von Menschen gebauten Turbinen auf dem gleichen Konstruktionsprinzip basieren, das in der Familie der *Dinoflagellaten* umgesetzt ist. Der Hauptunterschied zwischen den beiden lag lediglich in der Anzahl und der Qualität der Formvariation: »Es gibt zweiunddreißig Arten von *Peridineae*, mit einhundertsechzig Variationen. Jede von ihnen nimmt eine andere Form für die Anwendung des Turbinenprinzips an. Der Mensch hat kaum ein Dutzend Arten von Turbinen. Es ist klar, dass durch die Untersuchung dieses Organismus für die Anwendung auf die mechanische Turbine viel gewonnen werden kann«.[97]

Durch diese Fallstudie erkannte Francé, dass die Morphogenese dem Prinzip der optimalen Form folgt. Entsprechend sei die Konstruktion, die von den *Peridineaen* zum Schwimmen verwendet wird, das Ergebnis eines langen Optimierungsprozesses. In der Fallstudie heißt es: »Es gibt für alles, sei es ein konkretes Ding oder ein Gedanke, nur eine Form, die der Natur dieses Dings entspricht und deren Veränderung den Ruhezustand stört und Aktivität provoziert. Diese Prozesse wirken mit Gewalt, d. h. rechtmäßig durch Zerstörung der alten Form, bis die optimale, wesentliche Form der Ruhe erreicht ist, in der Form und Natur wieder identisch sind«.[98] Infolgedessen müssen alle Organismen eine »beste Form« haben, ein »Optimum, das zugleich auch seine Natur ist«.[99]

Der Prozess der Formoptimierung beruht bei Francé wiederum auf den beiden breiteren physikalischen Prinzipien des Energieaufwandes und dem Prinzip der wirtschaftlichen Effektivität. Demnach gehorchen Formentwicklungen »dem Gesetz des kürzesten Prozesses und sind immer Versuche, optimale Lösungen des zu lösenden Problems zu finden«[100]. Innerhalb der durch diese beiden physikalischen Prinzipien gesetzten Parameter spielt die natürliche Auslese eine minimale Rolle. Sie filtert und eliminiert lediglich untaugliche Formen. Wie Francé es suggestiv formulierte:

> Denn jede Funktion wird durch die natürliche Auslese, der alle Lebewesen unterworfen sind, kräftiger. Jede körperliche Form eines Lebewesens ist dem Existenzkampf unterworfen und wird ständig auf ihre Nützlichkeit hin untersucht, so dass man sagen könnte, dass nur die ›optimalen Modelle‹ in der Lage sind, sich selbst zu erhalten und fortzupflanzen. Auch in der Natur gibt es ein Patentamt, das nur nützliche Erfindungen zulässt und alle, die nicht den Abdruck, probatum est (es ist gut), tragen, von der Praxis ausschließt.[101]

Ein gutes Beispiel, um die Aufgaben und Wissensansprüche der Biotechnik zu verstehen, gibt Francé auf den ersten Seiten seines Textes *Die Pflanze als Erfinder* (1920). Francé versuchte das Problem, Mikroorganismen am Boden homogen zu verteilen, um erdkundliche Experimente durchzuführen, zu lösen. Die bis dahin elaborierten Lösungsansätze waren völlig unbefriedigend, und es gab keine Instrumente, die hilfreich waren, um Substanzen gleichmäßig zu verstreuen. Allerdings, notierte Francé, »sah ich ein, daß die Natur eine Lösung meines Problems gefunden haben müsse. Ich brauche sie nur nachzuahmen und war jeder Sorge enthoben«.[102] Francé musste nun lediglich weitersuchen, bis er in der Natur ein geeignetes Modell gefunden hatte. Und er fand es »in der Kapsel des Mohns«[103]: Aufgrund seiner lochförmigen Kapsel-Struktur streut der Mohn seine Samen gleichmäßig.

Francé schlägt demnach einen scheinbar trivialen Ansatz zur technischen Problemlösung vor: Der Techniker kann die Natur kopieren, weil es Formen in der Natur gibt, mit denen das technische Problem gelöst werden kann. Die Mohnkapsel sei, so Francé, daher die Form, die es nachzuahmen gilt, um das Problem des gleichmäßigen Verstreuens von Substanzen zu lösen. Francé bildete die Form der Mohnkapsel nach, patentierte sie und konnte damit sein ursprüngliches Problem auf technische Art und Weise beheben.

Hinter diesem praktischen und lösungsorientierten Vorschlag stehen jedoch bedeutende theoretische Annahmen, die in den nächsten Seiten ausführlich analysiert werden. Es soll gezeigt werden, dass Francé keine bloße Nachahmung der Natur vorgenommen hat, sondern dass er im Zuge seiner Untersuchungen einen ergiebigen Form- und Technikbegriff entwickelte, der sich auf der Verknüpfung und Rückkoppelung von Funktion und Form gründet.

Die erste Prämisse der Biotechnik Francés ist die folgende: »*Alles muß daher seine beste Form, sein Optimum haben, das zugleich sein Wesen ist*«.[104] Francé postuliert, dass es sowohl in der Natur als auch in der Technik eine »beste Form« geben muss. Das bedeutet im Rückschluss, dass es eine optimale Form gibt, die am geeignetsten und zweckmäßigsten ist, um eine bestimmte Aufgabe zu lösen – in diesem Fall die homogene Streuung von Stoffen auf den Boden. Laut Francé existiert diese optimale Form tatsächlich, weil die Natur und – basierend auf dem Beispiel der Natur – der Techniker in der Lage sind, Probleme technisch zu beheben. Die erste Voraussetzung lautet daher, dass optimale Formen in der äußeren Natur existieren. Diese sind reale Bestandteile der Welt.

Zweitens zeigt Francé, dass die optimale Form die Essenz des betreffenden Objekts ist. Diese Essenz stellt die Art und Weise dar, wie sich die Natur auch nach ständigen Veränderungen oder Störungen entwickeln kann: »Es gibt für jedes Ding,« notierte Francé, »gesetzmäßig nur *eine* Form, die allein dem Wesen des Dinges entspricht und die, wenn sie geändert wird, nicht den Ruhezustand, sondern Prozesse auslöst«[105]. So schlussfolgert Francé: »Die Prozesse wirken zwangsläufig, nämlich gesetzmäßig durch immer wieder einsetzende Zerstörung der Form, bis wieder die optimale, die essentielle Ruheform erreicht ist, in der Form und Wesen wieder eins sind«.[106] Das Hauptergebnis von Francés Analysen war die Identifizierung von sieben Grundformen. Diese sind, laut Francé, verantwortlich für all die komplexen Formen, die uns sowohl in der Natur als auch in der Technik begegnen können. Diese sieben Grundtypen sind »die Kristallform, der Globus, die Ebene, der Pol, das Band, die Schraube und der Kegel«.[107] Alles könnte als eine Kombination dieser sieben ursprünglichen Elemente gesehen werden: »Die Natur hat keine weitere Form hervorgebracht; und der menschliche Geist kann sich jede noch so geniale Form ausdenken, sie alle sind Kombinationen und Variationen dieser sieben grundlegenden Elemente«.[108]

Darüber hinaus konnten diese sieben Grundformen sowohl in der Natur als auch in menschlichen Artefakten vorkommen. Sie stellen das für jede Form wesentliche Konstruktionsprinzip dar. So bemerkte der deutsche Schriftsteller Alfred Gradenwitz im *Scientific American*: »Die sieben Grundformen sind sowohl in der Natur als auch in menschlichen Artefakten zu finden: für [die Natur] wie auch für den Menschen sind sie die unentbehrlichen Grundelemente, und weder die Natur noch die menschliche Kunst oder Technik kennt eine Form, die sich nicht auf sie reduzieren ließe«.[109] Die Anerkennung dieser elementaren Form, welche der Biologie wie der Technik gemeinsam ist, gewährte ontologisch die Möglichkeit, organische Konstruktionsprinzipien auf die technische Produktion zu übertragen. Da beide Formen aus den gleichen Elementen zusammengesetzt waren, war eine Übertragung von Prinzipien prinzipiell möglich.

Die »Synthese zwischen Natur und Technik«

Der nationalsozialistische Hydrologe Alfred Gießler, Leiter einer Biotechnik-Gruppe in Halle, entwickelte die Ideen Kapps und Francés weiter und legte seinem 1939 veröffentlichten Buch *Biotechnik* den Grundstein für die Einrichtung der Biotechnik als neues Forschungsgebiet. Sein Ausgangspunkt wurde bereits von Francé geteilt: Es gibt optimale Formen in der Natur, die sich durch die Evolution entwickelt haben und in der Natur bereits vorhanden sind. Die menschliche Technik muss sich demnach neu orientieren und die Natur erforschen, damit sie optimale Lösungen für bestehende Probleme finden kann. Unter anderen Beispielen brachte Gießler auch das Beispiel der Hand als Werkzeug der Werkzeuge an, »welches uns von der Natur mitgegeben wurde«.[110] Von Aristoteles und Kapp angeregt, zeigte Gießler, wie die Form der Hand das Ergebnis einer Funktionsprägung sei. Auch die Formen anderer Werkzeuge waren das Resultat einer solchen Prägung, die einem funktionsgestaltenden technischen Prinzip folgt. Dadurch entstehen optimale Formen. Tiere haben zum Beispiel keine Hand, mit der sie versuchen könnten, auftretende technische Probleme zu überwinden. Die Natur, so Gießler, habe dem Mensch also

Werkzeuge zur Verfügung gestellt, »die meist wenigstens eine bis mehrere Funktionen der menschlichen Hand bzw. der aus ihr fortentwickelten technische Handwerkzeuge ausüben können«.[111] Die Spezialisierung dieser Organe geht weit über die der Hand hinaus. Deshalb muss die Technik des Menschen mit der der Natur verschmelzen, um die immer größer werdenden technischen Probleme zu überwinden und optimal lösen zu können.

Demnach definierte Gießler menschliche Technik als »ein Übersetzen und Fortsetzen [der] naturbedingte[n] Technik, welche zugleich Voraussetzung und Grundlage jeglichen Lebens bedeutet«.[112] Gießler notierte dazu: »Technik hat bewusst Biotechnik zu sein, und der Techniker hat durch die Schule der Natur zu gehen«.[113] Eine Aufgabe, die sich für Gießler dementsprechend stellte, war es, »die Synthese zwischen Natur und Technik wieder zu vollziehen, die deutsche Technik also bewußt im biologischen Sinne auszurichten, sie auf biotechnischem Fundamente aufzubauen«.[114]

Ausgehend von diesen von Francé und Kapp geteilten Annahmen kritisierte Gießler beide Autoren – aber insbesondere Kapp – scharf, weil sie die enge synthetische Verbindung zwischen Natur und Technik nicht herstellen und klar unterstützen konnten: »Aus der weltanschaulichen Seite der damaligen Zeit heraus war eine derartig großzügige synthetische Auffassungsweise nicht möglich. Man begnügte sich von Analogien zu sprechen, von Organprojektion und ähnlichen und schrieb eine Philosophie der Technik anstatt eines Grundbegriffs der Biotechnik«.[115]

Gießler stützt seine Vorstellung von Biotechnik nicht nur auf die tiefgreifende Synthese und Identität zwischen Natur und Technik, sondern auch auf faschistische Theorien, die eine tiefe Kontinuität zwischen Natur, Technik, Kultur und Rasse sehen. Zum Beispiel schrieb Gießler: »*Das technische Werk muß im Dienste höherer Menschwerdung stehen und Kulturvolk adeln*«[116]. Und weiter: »Technik ist das formende Werkzeug der Kultur […] sie ist somit eines der hervorstechenden Merkmale kultureller Leistungsfähigkeit einer Rasse«.[117] Laut Gießler könnte daher die gesamte Kulturgeschichte durch die Geschichte der Rassen und ihrer Beziehung zur Technik neu geschrieben werden. Gießler merkte dementsprechend an, dass »von drei großen, historisch greifbaren Rassen- und Völkergruppen der Mongolen, Semiten und Indogermanen oder

Arier [...] nur eine einzige Gruppe als technische Wegbereiter und Kulturschöpfer im Laufe der Weltgeschichte hervorgetragen [ist]«[118]. Eine Biotechnik war daher nur durch den nordischen Menschen realisierbar, da dieser, laut Gießler, als einziger in der Lage sei, die technischen Probleme der Natur zu verstehen, zu nutzen und darauf eine Kultur aufzubauen.

Form als Ergebnis

Obwohl Francés Ideen einen unmittelbaren und starken Einfluss auf Architekt:innen und Designer:innen des 20. Jahrhunderts hatten, nahm die Rezeption im Laufe dieses Zeitraums dennoch stark ab. Die Besonderheit dieser abnehmenden Rezeption bestand darin, dass die Architekten und Ingenieure den Grundgedanken von Francé zwar aufnahmen, aber die Idee der endgültigen Perfektion der Formproduktion ablehnten. Sie vertraten deshalb keine typologische Definition von Form. Vielmehr betonten sie immer wieder sowohl den prozessualen Charakter der Formproduktion als auch die Unmöglichkeit, stabile und gut angepasste Formen zu erschaffen.

Einer der Hauptbefürworter von Francés Ideen war zum Beispiel der russische Künstler und Designer Lazar Markowitsch Lissitzky (1890–1941). Der einflussreiche Künstler, der unter dem Namen El Lissitzky bekannt wurde, war sowohl bei der Entwicklung des Bauhauses involviert als auch richtungsweisend für die konstruktivistischen Bewegungen in der Kunst des beginnenden 20. Jahrhunderts. In der dadaistischen Zeitschrift *Merz*, herausgegeben von Kurt Schwitters (1887–1948), veröffentlichte El Lissitzky zusammen mit Schwitters die April-Ausgabe des Jahres 1924 und zitierte in einem Text Francé. Zunächst definierte El Lissitzky die Formentwicklung im Sinne der Biotechnik als Ergebnis eines intrinsischen morphogenetischen Prozesses: »Werden und Entstehen bedeuten, dass alles, was aus eigener Kraft entsteht, konstruiert und bewegt wird«.[119]

In einem nächsten Schritt setzte sich El Lissitzky mit dem Konzept des Reduktionismus, das den Organismus als Maschine begreift, auseinander, mit dem er in seinem einzigartigen rhetorischen Stil die Stabilität und Autonomie der organischen Form verunglimpfte und vernichtete: »Ich habe genug, es ist immer MASCHINE, MASCHINE, MASCHINE … Die Maschine ist nichts anderes als der Pinsel, nein, sie ist noch primitiver als das, mit dem die Leinwand der Weltanschauung gestaltet wird«[120]. Dabei ging es ihm nicht darum, das Konzept der Maschine selbst abzulehnen, sondern sie in den Rahmen der Architektur- und Designforschung einzubetten: »Die Aufgabe jeder Schöpfung ist nicht zu schaffen, sondern zu repräsentieren«[121]. Er postulierte: »JEDE FORM IST EIN GEFRORENER SCHNITT EINES PROZESSES. ES IST DER AR-BEITSPLATZ DES WERDENS UND NICHT DAS VERFESTIGTE ZIEL«.[122]

Im Anschluss an diese Feststellung führte El Lissitzky die sieben Grundformen von Francé auf, um die Gemeinsamkeit der Elemente und Prinzipien zwischen Natur und Technik zu unterstreichen, wobei er großzügig aus Francés Werk zitierte. Laut El Lissitzky ist die Natur selbst das Ergebnis der Kombination dieser, und nur dieser sieben Grundformen. In einer weiteren Hommage an Francé verwies er auf die Gemeinsamkeiten zwischen Architektur und Organik. Er stellte ein organisches Pendant neben das Bild eines Wolkenkratzers, das der deutsch-amerikanische Architekt Ludwig Mies van der Rohe entworfen hatte: das berühmte Bild der inneren Struktur des Knochens, das von Meyer entdeckt, von Culmann und J. Wolf eingehend studiert und von Thompson (siehe nächstes Kapitel) und anderen verwendet wurde, um die Ähnlichkeit zwischen der technischen und der organischen Welt hervorzuheben.

Dieser visuelle Vergleich veranlasste El Lissitzky dazu, ein umfassenderes morphogenetisches Prinzip zu formulieren: »Wir kennen keine Probleme mit der Form, nur mit der Konstruktion. Die Form ist nicht das Ziel, sie ist das Ergebnis unserer Arbeit«[123]. Damit rekapitulierte er, was Francé, Thompson und andere Biotechniker in ihren Werken vertreten haben: Das Rätsel der Form sei nichts anderes als eine konstruktive (d. h. architektonische und ingenieurtechnische) Frage. Zudem sei die Form als ein dynamischer Zustand und nicht als statisches, zeitliches Element gemeint[124].

El Lissitzky war nicht der einzige Architekt und Designer, der die Ideen von Francé und Thompson positiv aufnahm. Der ungarische Maler und Fotograf László Moholy-Nagy (1895–1946), der österreichisch-amerikanische Architekt Frederick John Kiesler (1890–1965) sowie der tschechische Architekt und Designer Karel Honzík (1900–1966) setzten sich ebenfalls produktiv mit den Arbeiten Francés auseinander[125].

Ein unbekannter Feind: »Die Beharrlichkeit der Form!«

Einer der emblematischen Höhepunkte der Begegnung zwischen Biologie und Technik, die wiederum stark von Francé und anderen Autoren geprägt wurde, war die Publikation des Bandes *Circle*. Dieser wurde von dem britischen Architekten Leslie Martin (1909–2000), dem britischen Maler Benjamin »Ben« Nicholson (1894–1982) und dem russischen Bildhauer Naum Gabo (1890–1977) im Jahr 1937 herausgegeben[126].

Der Band ist in vier Abschnitte unterteilt: Malerei, Bildhauerei, Architektur sowie Kunst und Leben. In diesen Abschnitten befassen sich prominente Persönlichkeiten aus dem wissenschaftlichen und künstlerischen Bereich (wie Le Corbusier, Piet Mondrian, Sigfried Giedion usw.) mit der »konstruktiven Tendenz in der Kunst unserer Zeit«[127]. Das Buch war als Ort für die interdisziplinäre Auseinandersetzung mit neuesten Entwicklungen im Bereich Kunst, Technik und Wissenschaft gedacht. Insbesondere der letzte Abschnitt, Kunst und Leben, ist dabei für die Analyse der Entgrenzung der Biologie und Technik wichtig.

In diesem Unterkapitel schrieb Karel Honzík einen kurzen Beitrag zu Biotechnik (»A Note on Biotechnics«). Er eröffnete seinen kurzen Artikel mit einer emblematischen Abbildung: ein Bild von der Rückseite des Blattes von *Victoria Regia*. Dieses Bild zeigt mehrere Strukturlinien, die sich durch das gesamte Blatt ziehen und an ein Labyrinth erinnern. Honzík räumte unmittelbar ein, dass nur wenige Menschen die Bedeutung und Nützlichkeit dieser Strukturlinien verstehen könnten. Dem Ingenieur beispielsweise würde sofort ein Licht aufgehen und er würde erkennen, dass diese Konstruktion als »maßstabsgetreues Modell der Stahlbeton-Dachspannungen« diente[128]. »Es ist daher eher verlockend anzunehmen,« so folgert Honzík, »dass jedes Problem, mit dem sich ein Ingenieur oder Architekt beschäftigt, seine Lösung in Naturgesetzen findet, die unerbittlich seine Erfindung und sogar seine Berechnungen und Zeichnungen beeinflussen. Eine ganze Reihe von Phänomenen bestätigt die Annahme, dass das Zusammenspiel bestimmter Naturkräfte mit verschiedenen Arten von Materie in immer wiederkehrenden Formen sein Gleichgewicht findet«[129].

Honzík war davon überzeugt, dass sowohl die lebende als auch die tote Materie aus einem einzigen gemeinsamen Antrieb heraus entstanden seien, der darauf abzielte, sie in einen Zustand des Gleichgewichts zwischen den in den Formen innewohnenden inneren und äußeren Kräften zu bringen. Der Vollzug des Gleichgewichts sei deshalb für die Gestaltung möglicher Formen entscheidend: »Die Natur sucht diesen idealen Zustand des Gleichgewichts oder der Ruhe im Gleichgewicht dieser Kräfte, und in dem Moment, in dem ihr dies gelingt, hört sie auf, formlos zu sein und nimmt eine charakteristische Form an wie bei Blumen, Kristallen und anderen Organismen, die Ausdruck der Kräfte sind, die sie formen«[130]. Diese strenge Aussage könne allerdings auch missverstanden werden, setzte Honzík fort, da sie fälschlicherweise teleologisch interpretiert werden könnte. Man könnte argumentieren, bemerkte Honzík, dass, sobald ein Gleichgewicht erreicht würde, technologische Produkte und Artefakte zu absoluter Perfektion kämen und damit ihre endgültige Form erreichen würden, was jedoch unmöglich sei. Dieses Missverständnis sei auch der Hauptfehler Francés gewesen. Dieser, genauso wie andere deutschsprachige Biologen und Ingenieure, so Honzík, »verwenden willkürliche Erklärungen darüber, was die praktische Absicht der Natur war, diese, jene und die andere Form zu entwickeln. Aber sie können nicht hoffen, die Existenz von Hunderten und Aberhunderten von Varianten bei Pflanzen und Tieren einer einzigen Art erklären zu können«[131]. Formvollkommenheit ist nur ein Ideal. In der Natur kommen immer wieder Fehler und Scheinbilder vor. Darüber hinaus findet sich in der Natur selbst selten eine perfekte Abstimmung von Form, Zweck und Funktion, Beispiele für perfekte und vollkommene angepasste Form sind rar. Schließlich ist auch die Identifizierung von typologischen oder optimalen Formen ein willkürlicher Akt. In der Natur kämen zwar immer Variationen, aber keine Typen vor.

Die Annahme, dass es möglich ist, eine über die Zeit stabile Form zu entwerfen, die es schafft, die Funktion eines Organismus oder Objekts vollständig auszudrücken, muss deshalb gänzlich abgelehnt werden. Denn es gibt auch Formen, die mögliche Funktionen überleben, wie zum Beispiel die Krallen des Käfers, die nun keinem Zweck mehr dienen und zu einem nutzlosen Ornament geworden sind. Demgemäß sei der Fokus auf Formoptimierung, wie Francé ihn einnahm, nicht fruchtbar. Ganz im Gegenteil, fügt Honzík hinzu, müsse man sich vor einem gefährlichen, aber völlig unbekannten Feind schützen, der die Weiterentwicklung des Entwurfsprozesses verhindert: »Die Beharrlichkeit der Form!«[132]. Der Formbegriff soll keine statischen Elemente enthalten. Mit anderen Worten müssen Francés sieben Elemente aufgegeben werden. Um Formen zu entwerfen, muss man ihrem dynamischen Wesen gerecht werden sowie feststellen, dass ein ständiges Zusammenspiel zwischen Form und Funktion besteht. Abschließend resümiert Honzík in seinem Beitrag:

> Von Zeit zu Zeit gelingt es uns, alte Formen abzuschütteln, die so viel Ballast oder totes Holz geworden sind. Und doch rebellieren wir gleichzeitig gegen die neuen Formen, die auftauchen, weil sie die Form eines neuen Inhalts ankündigen. Es scheint, als ob die Form der Funktion vorausgegangen ist oder sie ohnehin überlebt hat. Zwischen ihnen gibt es ein ständiges Oszillieren, wie zwischen den beiden Waagschalen in einem Gleichgewicht; und wir fühlen oder scheinen göttlich zu sein, dass beide eine ideale Dauerhaftigkeit des Gleichgewichts anstreben, in der ihre getrennten Identitäten fortan miteinander verschmelzen würden. Vielleicht werden wir eines Tages die Erklärung für diese Trennbarkeit von Form und Funktion finden, die uns in der Arbeit von Männerhänden so unbehaglich macht.[133]

Obwohl Francés Einfluss ab der zweiten Hälfte des 20. Jahrhunderts tatsächlich abnimmt, wird seine Idee der Biotechnik auch nach der Etablierung von Bionik und Biomimetik als wissenschaftliche Disziplinen in den 1960er Jahren (siehe Kapitel 4) während des ganzen Jahrhunderts zentral bleiben. Dasselbe gilt für die Überlegungen von Kapp. Von ihren metaphysischen Rahmen bereinigt, beeinflussten Kapps Ideen all jene, die den Status von Artefakten und Technologien untersuchten, welche auf organischen Strukturen basieren. Auch heute noch nutzen viele Philosoph:innen den Begriff der organischen Projektion als zentrales Kriterium für die Schaffung einer Brücke zwischen Technik, Natur und Mensch.

Allgemeinere ethische und soziale Überlegungen im Zusammenhang mit der Idee der biotechnischen Formen wurden mit der Begründung der Biotechnik als Disziplin durch Francé geebnet. Hier soll nur auf zwei Punkte eingegangen werden, die auch im letzten Kapitel im Einzelnen thematisiert werden (siehe Kapitel 8). So war beispielsweise Gießlers Arbeit *in toto* auf nationalsozialistischem Denken aufgebaut. Er glaubte, dass die Formen der Gesellschaft ebenso wie die technischen und organischen Formen eine bestimmte Perfektion und Effizienz erreichen können. Darüber hinaus glaubte er, dass die Erschaffung perfekter technischer Formen nur den nordischen Gesellschaften und den Anhängern nationalsozialistischer Ideologien vorbehalten sei. Diese Entwicklung macht eine umfassendere Reflexion über die Bedeutung von Perfektion, Effizienz und Exzellenz, sowohl in Natur und Technik als auch in der Gesellschaft, notwendig und wird im letzten Kapitel durchgeführt.

Im Band *Circle* wurde direkt nach Honzíks »Notiz zur Biotechnologie« ein kurzer Artikel von dem US-amerikanischen Architekturkritiker und Wissenschaftler Lewis Mumford (1895–1990) abgedruckt. Unter dem Titel »Der Tod des Denkmals« untersuchte Mumford die Bedeutung von Denkmälern in der Gesellschaft des 20. Jahrhunderts, d. h. von Versuchen, den Lauf der Zeit zu überleben. Mumford kritisierte jeden Versuch, Denkmäler in Städten zu errichten, heftig. Die moderne Stadt muss als dynamisches Ganzes begriffen werden und nicht als statischer Fixpunkt, als Monument in der Zeit. Der Einwand gegen die Statik des Denkmals beinhaltete außerdem eine subtile Kritik daran, wie die eigene Gestaltungstätigkeit des Menschen im Einklang mit seinen eigenen Bedürfnissen und seiner Natur stehen sollte. Eine gut geplante Stadt muss sich an der Struktur der Umgebung orientieren, in der sie gebaut werden soll. So muss der Architekt etwa die Luftströmungen und den Sonnenstand während des Jahres berücksichtigen. Zum Beispiel, so Mumford, »wird die Architektur an die besonderen klimatischen

Bedingungen angepasst, sogar so weit, dass in den kalten Monaten spezielle Solarreflektoren als Zusatzheizung verwendet werden können. Damit entfällt die Notwendigkeit, die Auswirkungen von schlechtem Design und schlechter Orientierung durch teure Klimaanlagen sowie die Entwicklung besserer Isoliermaterialien als Gipswände und Außenwände aus Backstein oder Stein zu überwinden, und die Einfachverglasung ermöglicht wieder die Nutzung einfacher Formen der Strahlungsheizung«[134]. Nur wenn der Architekt in der Lage ist, durch sorgfältiges Studium der Strukturen des Organischen Umgebung zu planen, wird das Endergebnis nicht zu einem schlechten und nutzlosen Ornament. Dasselbe gilt für die Gestaltung technischer Produkte. Mit scharfen Worten schrieb Mumford – es lohnt sich, ihn ausführlich zu zitieren:

> Unsere gegenwärtige Überlastung der mechanischen Versorgungseinrichtungen im Haus und in der Stadt, die besonders in den amerikanischen Metropolen deutlich wird, ist ein Symptom unserer Unfähigkeit, in der gesamten Realität zu denken: Wenn wir unser vorhandenes Wissen über Geographie und Klimatologie, Materialfestigkeit und Isolierungseigenschaften nutzen, ist ein Großteil unserer mechanischen Ersatzstoffe überflüssig. Aber Tatsache ist, dass das so genannte Maschinenzeitalter die Maschinen wie Ornamente behandelt hat: Sie hat den Staubsauger beibehalten, obwohl sie den Teppich hätte beseitigen sollen; sie hat den Dampfheizer zur Erzeugung subtropischer Wärme im Wohnhaus beibehalten, obwohl sie eine dauerhafte Form der Isolierung hätte erfinden sollen, die die extravagante Erwärmung kalter Wände überflüssig gemacht hätte; sie hat die private Garage als Zierde des freistehenden privaten Wohnhauses beibehalten, die dessen unmittelbaren Freiraum verdarb, obwohl sie die Kunst der Gemeinschaftsplanung hätte nutzen sollen, um sowohl Häuser als auch Garagen so zu gruppieren, dass eine lebenswerte Umgebung geschaffen wurde[135].

Deshalb kritisierte Mumford das Konzept der technologischen Notwendigkeit heftig und befürwortete bedarfsangepasste Entwürfe sowie die Schaffung von Artefakten und Technologien, die die Natur und ihre morphogenetischen Prozesse als Ganzes betrachten. Für solche Kritik verwies Mumford auf Patrick Gaddes 1915 veröffentlichtes Buch *Cities in Evolution*. In diesem Buch prägte der Autor die Begriffe »paläotechnisch« und »neotechnisch«, um zwei aufeinanderfolgende Perioden in der Geschichte der Technik zu klassifizieren. Dabei bezog sich die erste auf eine primitive und noch nicht ausgereifte Phase der industriellen Entwicklung und die zweite auf eine Phase im Einklang mit der Natur. In Anlehnung an Gaddes Termini verwendete Mumford den Begriff ›Biotechnik‹, um die Zukunft des architektonischen und technologischen Designs im Einklang mit der Natur zu charakterisieren. »Das biotechnologische Zeitalter«, schrieb Mumford, »wird sicherlich durch eine Vereinfachung der mechanischen Hilfsmittel gekennzeichnet sein: Eine Vereinfachung, die durch die Begrenzung des Stadtwachstums und durch die geordnete Beziehung der Funktionen einer Stadt ermöglicht wird, um einen minimalen Aufwand an mechanischen Lebensmitteln zu ermöglichen«[136].

Im nächsten Kapitel werde ich ein weiteres Buch analysieren, das für die Entwicklung der Biotechnik des 20. Jahrhunderts und damit für die Begegnung zwischen Technologie und biologischen Formen grundlegend war, das Buch *On Form and Growth* von D'Arcy Thompson. Neben der Freilegung weiterer historischer Wurzeln und theoretischer Voraussetzungen der Biotechnik und der Entgrenzung des Biologischen und des Technischen wird diese Analyse dazu führen, auch ethische und soziale Fragen zu thematisieren, die mit der Übertragung biologischer Formen in technische Artefakte und dem anschließenden Entstehen technologischer Bedürfnisse zusammenhängen, die, wenn sie nicht ganz im Einklang mit ökologischen Strukturen stehen, wie Mumford meint, die Möglichkeiten der Anpassung, Bewegung und effektiven Verbesserung des Menschen im Keim ersticken können.

3. FORM ALS SYSTEM VON KRÄFTEN

Das 1917 veröffentlichte und 1942 umfassend überarbeitete Buch *On Growth and Form* von D'Arcy Thompson war die zweite bahnbrechende Publikation, die einen technischen Ansatz für die Erklärung der Entwicklung von organischen Formen im 20. Jhd. begründete. Thompson wurde in Edinburgh, Schottland, geboren und studierte später Zoologie am Trinity College in Cambridge. Nach einer Anstellung als wissenschaftlicher Assistent am Trinity College wurde er zum ordentlichen Professor am University College in Dundee berufen, wo er 32 Jahre lang gewirkt hat. Schließlich wurde er Professor für Naturgeschichte an der Universität St. Andrews, wo er bis zu seinem Tod im Jahre 1948 lehrte und forschte.[137]

In seinem Buch, das in Deutschland unter dem Titel *Über Wachstum und Form* erschienen ist, verteidigte Thompson eine sehr starke und einflussreiche These: Form, sowohl die organische als auch die anorganische, resultiere aus einem System von Kräften, die auf sie einwirkten. Die organische Form sollte daher in erster Linie weder als Produkt der natürlichen Auslese noch als das Endergebnis eines Anpassungsprozesses an verschiedene Umgebungen betrachtet werden. Vielmehr sollte sie als das Ergebnis der auf sie einwirkenden physikalischen und chemischen Kräfte der Beanspruchung betrachtet werden. Thompson bemerkte deshalb, dass »[d]ie Form [...] also in allen Fällen gleichermaßen als Einwirkung von Kraft bezeichnet werden [kann]. Kurz, die Form eines Gegenstands ist ein ›Kraftdiagramm‹, zumindest in dem Sinn, dass wir aus ihr die Kräfte beurteilen ober ableiten können, die auf den Gegenstand einwirken oder eingewirkt haben«.[138]

Um zu untersuchen, wie und inwiefern Form aus einem System von Kräften entstanden ist, schlug Thompson eine integrative Methode vor, die die Ähnlichkeiten zwischen organischen und anorganischen Phänomenen herausstellen sollte und ihm so die Suche nach möglichen gemeinsamen Prinzipien erlaubte.

Thompson benutzte zahlreiche Beispiele, um seinen Standpunkt zu veranschaulichen.

Er zeigte zum Beispiel, dass die Spiralformen in Organismen aus einer gleichschenkligen Spiralgleichung resultieren können, was bedeutet, dass die Abstände zwischen den Kreisen einer logarithmischen Spirale geometrisch wachsen. Darüber hinaus vermutete er, dass diese Gleichung bei der Berücksichtigung der Spiralform Erklärungsvorrang hat.

Ein weiteres bezeichnendes Beispiel für Thompsons Methode war die innere Struktur von Knochen. Wie bereits im letzten Kapitel geschildert, war dieses Thema zwischen Ende des 19. und Anfang des 20. Jahrhunderts zu einem klassischen Topos in der biologischen und architektonischen Literatur geworden, aber Thompson betrachtete die Knochenstruktur, um auf die auffallende Ähnlichkeit zwischen ihr und künstlichen technischen Konstruktionen hinzuweisen.

Um seinen Standpunkt zu veranschaulichen, erzählte Thompson die Geschichte des Züricher Ingenieurs Carl Cullman (1821–1881), der versuchte, einen neuen und leistungsfähigen Kran zu konstruieren. Zufällig kam er an dem Laboratorium vorbei, in dem Georg Hermann von Meyer (1815–1892) gerade die innere Struktur eines Knochens sezierte. Der Ingenieur »sah in einem Augenblick, dass die Anordnung der knöchernen Trabekel nicht mehr und nicht weniger als ein Diagramm der Spannungslinien oder der Zug- und Druckrichtungen war«[139]. Thompson nannte es das Prinzip der Ähnlichkeit. Die Grundidee war, dass sich mit dem gleichen Satz von Prinzipien sowohl natürliche als auch biologische Formprozesse erklären lassen. Thompson bemerkte zum Beispiel, dass sowohl im Mittelhandknochen des Geiers als auch im Warren-Träger[140] die gleiche Struktur vorherrscht:

In der gesamten mechanischen Seite der Anatomie kann nichts schöner sein als die Konstruktion des Mittelhandknochens eines Geiers. Der Ingenieur sieht darin einen perfekten Warren'schen Fachwerkträger, genauso einen, wie er oft für eine Haupttrippe in einem Flugzeug verwendet wird. Nicht nur das, auch der Knochen ist besser als das Fachwerk; denn der Ingenieur muss sich damit begnügen, seine V-förmigen Streben alle in eine Ebene zu setzen, während sie im Knochen mit offensichtlichen, aber unnachahmlichen Vorteilen in eine dreidimensionale Konfiguration gebracht werden.[141]

Da laut Thompson die Form das Produkt verschiedener auf sie ein-
wirkender Kräfte ist und weder aus ihrer phylogenetischen Vergangenheit, d. h. aus ihrer evolutionären Geschichte, noch aus der
Macht der natürlichen Auslese hervorgeht, sollten Formveränderungen auch mit neuen Visualisierungsmöglichkeiten dargestellt
werden können. Thompson fand mit der Koordinatenmethode des
französischen Philosophen René Descartes (1596–1650) eine aus-
gezeichnete Lösung für dieses Problem. Der französische Philosoph, so Thompson, betrachtete die Koordinatenmethode als »eine
Verallgemeinerung aus den Proportionaldiagrammen des Künst-
lers und des Architekten« und benutzte sie, um »die *Form* einer
Kurve [...] in *Zahlen* und in *Worte* zu übersetzen«[142]. Thompson
nutzte die Methode von Descartes, um das gleiche Ziel zu erreichen: mathematische und physikalische Parameter, die für die
Fortentwicklung zuständig waren, in organische Formen zu übersetzen und umgekehrt.

Hierfür trug er zunächst einen Organismus in ein Koordina-
tensystem ein. Anschließend dehnte und verformte er das Gitter,
um die verschiedenen Kräfte zu simulieren, die darauf einwirken
könnten. Als Resultat erzeugte die Simulation verschiedene Organismen. Auf diese Weise zeigte Thompson, dass Formveränderungen nichts anderes als das Ergebnis von Formverformungen sind.
Zum Beispiel trug Thompson einen Narbenfisch in ein Gitter ein.
Dann verformte er das rechteckige Gitter zu koaxialen Kreisen.
Daraufhin zeigte das neue Gitter einen anderen Fisch der Gattung
Pomacanthus. Die Simulation erzeugte einen anderen Fisch, indem
der ursprüngliche *Scaroidfisch* gedehnt wurde. Das Ergebnis von
Thompsons physikalischer Untersuchung der Form bedeutete die
Auflösung des Sonderstatus der Morphologie. Es gab nichts Mys-
tisches im Studium der organischen Form mehr, da »ihre Wachs-
tumsprobleme im Wesentlichen physische Probleme sind [...] und
der Morphologe ipso facto ein Forscher der physikalischen Wissenschaften ist«.[143]

Thompson schlussfolgerte dreierlei daraus. Erstens, dass mathematische und physikalisch-chemische Regeln die Formentwicklung bestimmen. Diese gelten sowohl für natürliche als auch für
technische Formen. Die Morphogenese sei das Ergebnis dessen,
was er als mechanische Anpassung bezeichnete: Sie dient dazu, die

mechanische Fitness[144] bzw. den mechanischen Adaptationswert eines Organismus zu verbessern. Nach diesem Konzept bezieht sich Anpassung auf eine »mechanische Eignung für die Ausübung einer bestimmten Funktion oder Handlung, die untrennbar mit dem Leben und Wohlbefinden des Organismus verbunden ist«[145]. Zweitens sollte die Form nicht als ein bloßes »Bündel von Teilen«[146] betrachtet werden, sondern als ein organisches System. Die Aufgabe besteht folglich darin zu untersuchen, wie diese Teile organisch zusammenpassen könnten. Drittens kann das Rätsel der organischen Form sowohl von Biologen als auch von Ingenieuren untersucht werden. Für Thompson bildete es ein gemeinsames Unternehmen.

Die Rezeption der Gedanken und Methoden von D'Arcy Thompson war außergewöhnlich, und er hat sowohl die Kunst als auch die Biologie stark beeinflusst, besonders im Zuge seiner Wiederentdeckung nach Erscheinen der zweiten Auflage seines Buches. An dieser Stelle möchte ich zwei wichtige Rezeptionen Thompsons hervorheben und untersuchen. Die erste war Frederick Kieslers Auseinandersetzung mit Thompsons Methodik und die anschließende Begründung der ›Biotechnique‹ in der Architektur. Die zweite Rezeption, die im übernächsten Abschnitt ausgearbeitet wird, ist Teil von Christopher Alexanders' berühmtem Buch *Notes on the Synthesis of Form*.

Biotechnique

Nach seinem Studium in Wien und seiner erfolgreichen internationalen Ausstellung zur neuen Theatertechnik in Wien im Jahr 1924 siedelte der österreichisch-amerikanische Architekt Frederick Kiesler (1896–1966) in die USA über, wo er unter anderem Professor an der Columbia University in New York wurde und dort das Laboratory for Design Correlation gründete.

In seinem 1936 publizierten Aufsatz »On Correalism and Biotechnique. A Definition and Test of a New Approach to Building Design« nahm Kiesler D'Arcy Thompsons Ideen auf und versuchte das architektonische Entwerfen sowie die Beziehung und das Wechselspiel zwischen organischen und technischen Formen auf eine wissenschaftliche Basis zu stellen.

Zunächst wies Kiesler nur auf den Unterschied zwischen Natur- und Kunstbetrachtungen über den Status ihrer Elemente hin: »Die Natur ist im Fluss, die Schöpfungen der Kunst sind statisch. Je mehr sich Kunstschöpfungen dem Prinzip des Flusses hingeben, desto mehr weichen sie von der Kunst ab und nähern sich der Natur an«.[147] Da Kunst und Natur eins sein können, bestand die dringende Aufgabe darin, den Begriff der Form als Kreuzungs- und Vereinigungspunkt zwischen diesen beiden Welten zu definieren. »Was wir ›Formen‹ nennen«, schrieb Kiesler, »ob sie nun natürlich oder künstlich sind, sind nur die sichtbaren Handelsposten von integrierenden und zerfallenden Kräften, die mit geringer Geschwindigkeit mutieren«.[148] Kiesler nahm deshalb Thompsons Definition von Form als System von Kräften auf und entwickelte sie weiter: Er erweiterte sie, indem er ihr eine sehr starke ontologische Macht zuschrieb. Das System von Kräften bestimmte, was es gibt. »Die Realität«, so Kiesler, »besteht aus diesen beiden Kategorien von Kräften, die ständig in sichtbaren und unsichtbaren Konfigurationen interagieren. *Diesen Austausch interagierender Kräfte nenne ich KORREALITÄT und die Wissenschaft ihrer Beziehungen KORREALISMUS. Der Begriff ›Korrealismus‹ drückt die Dynamik der ständigen Interaktion zwischen dem Menschen und seiner natürlichen und technologischen Umwelt aus*«.[149]

Da Form nur ein abstrakter Moment ist, ist sie an sich unvollkommen und ständig in Bewegung: »Sie wird identifiziert durch das, was sie ausstrahlt, sichtbar oder unsichtbar, freiwillig oder unfreiwillig«.[150] Der Architekt beschäftigt sich daher nur mit dem Austausch von interagierenden Kräften und niemals mit einem fertigen Produkt. Er nannte die Wissenschaft, die »sich nicht mit der Umschreibung eines Festkörpers, sondern mit einer bewussten Polarisierung der Naturkräfte auf einen bestimmten menschlichen Zweck befasst«[151], *Biotechnique*.

Biotechnique war als eine Disziplin gedacht, die sich sehr von der Art und Weise unterscheidet, wie die Natur ihre eigenen Objekte baut. »Es kann keine Verwechselung dieser beiden Methoden geben«, bekräftigte Kiesler. Der Unterschied besteht darin, dass die Natur sich durch Zellteilung aufbaut und auf eine gewisse Kontinuität der Formen abzielt; der Mensch kann nur bauen, indem er Teile ohne Kontinuität zu einer einzigartigen Struktur zusammenfügt. Daher schloss Kiesler, obwohl er das Leitprinzip teilte, dass das System der Kräfte sowohl in der technischen als auch in der organischen Arbeit präsent ist. Der Designer wird lernen, die Methoden zu verstehen, mit denen die Natur baut, um ihre Zwecke zu erfüllen, »aber er wird ihre Methoden nicht nachahmen«.[152]

Zwei Aspekte von Kieslers biotechnischem Denken müssen noch hervorgehoben werden. Erstens vertritt Kiesler eine evolutionäre Erklärung des Ursprungs und der Entwicklung von Artefakten. Tatsächlich transportiert er evolutionäre Mechanismen in die Erklärung der Technikgeschichte. Kieslers evolutionäres Modell basiert auf dem Vorhandensein von Standardtypen. Es gibt zum Beispiel einen Standard-Messertyp, der alle Anforderungen erfüllt. Messer haben im Allgemeinen verschiedene Gebrauchszwecke – es gibt zum Beispiel Brotmesser, Fischmesser, Fleischmesser, Obstmesser usw. Darüber hinaus gibt es aber auch simulierende Artefakte, die sich durch ihre funktionale Ineffektivität und ihre unbedeutenden Abweichungen vom Standard auszeichnen. Diese Simulationen machen bei weitem den größten Anteil von Artefakten aus.

Zweitens führt Kiesler eine Dreiteilung des Umweltbegriffs ein. Neben der natürlichen Umwelt, d. h. dem ökologischen Lebensraum, und der menschlichen Umwelt, d. h. dem sozialen Umfeld, stellt Kiesler die technologische Umwelt vor. Sie wird durch menschliche Bedürfnisse, und zwar sowohl aus absoluten als auch aus simulierten Bedürfnissen, erzeugt. Sie besteht daher aus einem ganzen System von Werkzeugen, die der Mensch zur besseren Kontrolle der Natur entwickelt hat. Kiesler schrieb deshalb: »Jedes technische Instrument ist *mitwirkend*: seine Existenz wird durch den Fluss des Kampfes des Menschen bedingt, also durch seine Beziehung zu seiner *gesamten Umwelt*«.[153]

Der Fokus auf die technologische Umwelt veranlasste Kiesler dazu, eine neue Richtung für die Untersuchung von Formen vorzuschlagen, d. h. die Begegnung und das Aufeinandertreffen von Kräften, die die Herstellung von Formen regulieren: eine Studie der morphologischen Untersuchung der Notwendigkeit des Wachstums technologischer Formen. Oder wie er es selbst formulierte: *»Aber kein Zweig der Wissenschaft hat es bisher unternommen, die direkten und indirekten, freiwilligen und unfreiwilligen Auswirkun-*

gen der technologischen Umwelt auf den Menschen zu untersuchen,
zu analysieren, zu kartieren und zu messen; noch hat irgendein
Zweig der Wissenschaft die Gesetze, die die Entwicklung der Technologie regeln, kartiert und formuliert. Es gibt zahlreiche Berichte
über die Geschichte der Technologie, aber keine Studie über die
Bedürfnis-Morphologie ihres Wachstums«.[154] *was da* ?

Form als Ensemble

Wie bereits dargestellt, konzentrierten sich einige Architekten
während der Mitte des 20. Jahrhunderts auf die Prinzipien, die
für die Konstruktion der Form sowohl in der Natur als auch in
der Architektur verantwortlich sind. In Cambridge wurde in den
1960er Jahren ein wichtiger Ansatz für das architektonische Design entwickelt. In dieser Zeit begann das Cambridge Department
of Architecture mit Computerforschern zusammenzuarbeiten, obwohl der Zugang zu Computern in der britischen Universitätsstadt
zu dieser Zeit recht problematisch war[155]. Darüber hinaus lag der
Schwerpunkt in der Architektur und im Design der 1960er Jahre
auf der Untersuchung des Formungsprozesses und nicht auf seiner
möglichen Realisierung.

Die Fakultät für Architektur in Cambridge wurde 1956 gegründet, ihr erster Professor war Leslie Martin. Dieser hatte sich seit
den 1930er Jahren intensiv mit der möglichen Integration von Architektur in der Wissenschaft beschäftigt. In dem bahnbrechenden
Sammelband *Circle* machte Martin neben dieser Integration auch
auf die Notwendigkeit aufmerksam, den Begriff der Form als Brü-
ckenkonzept zu untersuchen. Der Historiker Keller stellte zu Recht
fest, dass Martins Forschungsagenda von der Annahme ausging,
dass »die Architektur eine Domäne ist, die so untersucht werden
kann, wie die Wissenschaft die Natur untersucht, und dass analoge
Gesetze für die Architektur entdeckt werden können«.[156]

Ein vielversprechender Student am Cambridge Department of
Architecture war Christopher Alexander, der dem Fachbereich
beitrat, nachdem er das ›Mathematical Tripos‹ an der Universität
Cambridge bestanden hatte. Während seines Studiums und seiner
Promotionszeit wurde er stark von Martin und den jüngsten Ent-

wicklungen in der Kybernetik beeinflusst. In seiner Dissertation, die er 1962 an der Harvard University verteidigte und 1964 publizierte, beschäftigte sich Alexander mit den Grundlagen des Designprozesses: Er sah Design als eine ganz und gar morphologische Disziplin an, die sich die Form-Herstellung zum Ziel machte. Da jedoch mehrere Kräfte auf Formen einwirken, wie D'Arcy Thompson beschrieb und Alexander rezipierte, war Design im Wesentlichen ein Vorgehen zur Problemlösung. Ein Designer muss das Problem, wie diese Kräfte überwunden werden können, lösen, um eine stabile Form zu erhalten. Kurz gesagt, es musste versucht werden, »Fitness zwischen zwei Entitäten zu erreichen: [d]er fraglichen Form und ihrem Kontext«[157]. Erstere wird als die Lösung des Gestaltungsproblems definiert. Es ist ein Teil der Welt, »über den wir die Kontrolle haben und den wir gestalten wollen, während wir den Rest der Welt so lassen, wie er ist«[158]. Der Kontext ist der Teil der Welt, »der Anforderungen an diese Form stellt; alles in der Welt, was Anforderungen an die Form stellt, ist Kontext«[159]. Alexander stellte sich die Welt demnach als Synthese zwischen Form und Inhalt vor.

So konnte eine Lösung für ein Designproblem nur gefunden werden, wenn der Designkontext erforscht und genau definiert wurde; das heißt nur wenn Form und Kontext zusammengebracht wurden und sich gegenseitig beeinflussten. Mit anderen Worten, der eigentliche Gegenstand des Designs ist nicht die Objektform allein, sondern vielmehr die Beziehung zwischen Form und Kontext. Alexander bezeichnete diese wechselseitige Beziehung zwischen Form und Kontext als »Ensemble«. Form könne daher nur als Teil eines umfassenderen organischen Prozesses verstanden werden, wenn die Form eines Objekts vollständig in seinen Kontext integriert wurde. Er griff dabei das Bild einer Symphonie auf, die das Ergebnis von verschiedenen Musikern ist, die in einem Ensemble zusammenspielen. Eine gut gestaltete Form hänge daher »davon ab, inwieweit sie zum Rest des Ensembles passt«[160].

Die Trennung zwischen Form und Kontext oder zwischen Form und Materie war jedoch nur eine Abstraktion, denn sowohl Wissenschaftler als auch Architekten waren daran interessiert, das Ganze zu begreifen. Da das Ensemble nur als Einheit von Form und Kontext gegeben war, war es wichtig, die möglichen Kombinationen dieser beiden Elemente sowie die Art der Einschränkung, die für sie gelten kann, zu verstehen. D'Arcy Thompson trug zu diesem Vorhaben bei. Er betonte, wie wichtig es sei, Ensembles zu entwerfen, indem man sie als Diagramme der Kräfte begreift. Wie Alexander erkannte, machte der schottische Universalgelehrte deutlich, dass das, was den Entwurf in der realen Welt zu einem Problem macht, »*darin besteht, dass wir versuchen, ein Diagramm für Kräfte zu erstellen, deren Feld wir nicht verstehen*«.[161]

Gut angepasste Objekte könnten entworfen werden, indem man alle Merkmale auflistet, die sie von anderen Objekten unterscheiden, aber auch diejenigen, die sie selbst zu Objekten machen. Betrachten wir zum Beispiel den Entwurf eines einfachen Wasserkochers: Der Designer muss ein Objekt entwickeln, das in den Kontext seiner Verwendung passt. Er darf zum Beispiel weder zu klein noch zu groß sein. Er sollte nicht schwierig zu benutzen sein, wenn er heiß ist, und der Wasserkocher sollte Wasser erhitzen. Alexander identifizierte einundzwanzig umfassende Anforderungen, die für die effiziente Gestaltung eines Wasserkochers wesentlich sind. Diese einundzwanzig Anforderungen könnten in Kategorien eingeteilt und in ein hierarchisches System eingeordnet werden.

Dies berücksichtigt jedoch nicht die Anfänge des Form-Designs. Das Ziel einer Designaufgabe besteht darin, potenzielle Fehlanpassungen zwischen der Form und einem gegebenen Kontext zu verhindern, und um diese Fehlanpassungen zu vermeiden, konzentrierte sich Alexander auf die mögliche Komposition des Ensembles, d. h. darauf, wie die Cluster von Komponenten, aus denen es sich zusammensetzt, angeordnet sind. Diese Komposition könne durch die Zerlegung der verschachtelten, überlappenden Form-Kontext-Grenzen, aus denen sich das Ensemble zusammensetzt, erreicht werden. Diese Zerlegung kann schließlich als »eine Menge von Fehlanpassungen M als ein Baum (oder eine teilweise geordnete Menge) von Mengen formalisiert werden«[162].

In Anlehnung an Begriffe und Ideen aus der Informatik bezeichnete Alexander den Prozess der Feature-Dekomposition als »Designprogramm«. Dies informierte den Konstrukteur über die zu befolgenden Anweisungen, um die grundlegenden Teile des Ganzen zu zerlegen (Analyse) und dann zusammenzusetzen (Synthese).

Ein weiteres Beispiel für diese analytische und synthetische Methode bei der Herstellung von Formen bietet Alexander in einem Beitrag, der 1966 in der berühmten, von Gyorgy Kepes herausgegeben Reihe *Vision + Value* veröffentlicht wurde. In seinem Artikel mit dem Titel »From a set of forces to a form« beschreibt Alexander, wie eine Form aus der Untersuchung der Kräfte, die sie erzeugt haben, entstehen kann. Die Methode, die Alexander bevorzugt, ist die relationale Methode. Zunächst werden die Kräfte identifiziert, denen die Form unterworfen sein wird. Die einzelnen Kräfte sind dadurch ineinander verschmolzen, dass sie sich die möglichen Muster, die von diesen Kräften erzeugt werden, gegenseitig aufzwingen. Als Ergebnis wird die endgültige Form als eine Synthese dieser Kräfte dargestellt. Alexander identifiziert zum Beispiel drei Kräfte, die die Form eines möglichen Wohnzimmers in einem Haus beeinflussen: Jedes Mitglied einer Familie möchte seine Hobbys pflegen, Gemeinschaftsräume in einem Haus müssen in guter Ordnung gehalten werden und Familienmitglieder neigen dazu, Gemeinschaftsräume oft und gerne zu nutzen. Diese drei scheinbar gegensätzlichen Kräfte werden einzeln auf Papier dargestellt. So entwirft Alexander drei verschiedene Wohnräume, je nach wirkender Kraft. Zweitens kombiniert er die drei Formen und synthetisiert sie, um die Form zu schaffen, die den zugrundeliegenden Kräften am besten entspricht – in diesem Fall ein Wohnzimmer, das aus privaten Räumen besteht, in denen die Familienmitglieder ihren Hobbys nachgehen können, während sie sich alle zusammen in einem Raum befinden. Diese endgültige Form, sagt Alexander, »entsteht durch die Verschmelzung der Beziehungen, die jede einzelne Kraft anstrebt, [und die produzierte Form] ist stabil gegenüber allen drei Kräften«.[163]

Durch eine analytische und wissenschaftliche Methode sei der Designer in der Lage, gut angepasste Formen zu projizieren und somit Objekte als gut angepasste Ensembles zu entwerfen. Dies war ein Wendepunkt in der Designpraxis. Alexander erkannte, dass bis zu seiner Veröffentlichung die Form auf Kosten bestimmter Grundelemente oder Merkmale entworfen wurde. Die Designer haben nicht ausreichend untersucht, wie Form und Inhalt möglicherweise integriert werden können. Umgekehrt betonte er auch die Aufgabe des Designs, Harmonie herzustellen. Er definierte diese

Aufgabe mystisch als »Suche nach einer Art Harmonie zwischen zwei immateriellen Gütern: einer Form, die wir noch nicht entworfen haben, und einem Kontext, den wir nicht richtig beschreiben können. Der einzige Grund, aus dem wir denken, dass es eine Art Übereinstimmung zwischen ihnen geben muss, ist, dass wir Inkongruenzen oder negative Instanzen davon erkennen können«[164].

Form und Morphogenese

Eine weitere Figur, die in ihrer Herangehensweise an das Problem der Form stark von D'Arcy Thompson beeinflusst wurde, war Alan Turing (1912–1954). Turing war ein britischer Mathematiker, Logiker und Philosoph. Der breiten Öffentlichkeit ist Turing – auch dank der Popularität von Filmen über seine Person – überwiegend hauptsächlich aufgrund seiner Arbeit während des Zweiten Weltkriegs zur Entschlüsselung von Enigma – dem System, mit dem die Deutschen ihre Kommunikation verschlüsselten – und seines Einflusses auf die Entwicklung der modernen Computertechnik bekannt. Letztere gehen auf die sogenannte Turing-Maschine (1936) und seinen berühmten Test von 1950 zurück. Dieser Test wurde konzipiert, um zu überprüfen, ob eine Maschine in der Lage war, sich wie ein denkendes Wesen zu verhalten. Neben seinen Arbeiten zu Informatik und Kybernetik war Turing auch an biologischen Problemen interessiert. Vermittelt wurde dieses Interesse insbesondere durch die Lektüre von D'Arcy Thompson.

In der 1952 veröffentlichten Arbeit »The Chemical Basis of Morphogenesis« beschäftigt sich Turing mit dem Phänomen der Morphogenese. Das ist die Dynamik, durch die vom Embryo ausgehend verschiedene Formen produziert werden können. Ziel dieser Arbeit von Turing war es, »[...] einen möglichen Mechanismus zu diskutieren, durch den die Gene einer Zygote die anatomische Struktur des entstehenden Organismus bestimmen können«[165]. Dies implizierte umfassendere Fragen, etwa wie aus einer symmetrischen und homogenen Struktur wie der Zelle unterschiedliche Muster und Formen entstehen? Wie ist die Natur in der Lage, die Symmetrie einer Zelle zu brechen, um unterschiedliche und asymmetrische Formen zu erhalten? Und ganz konkret: Wodurch sind die Fellzeichnungen von Tieren, zum Beispiel die Flecken der Giraffe oder die Streifen des Zebras, entstanden? Turings Antwort erfolgte durch einen Abstraktionsprozess. In Anlehnung an Thompson abstrahierte er die einfachsten mathematischen Modelle von komplexen biologischen Systemen und untersuchte dann ihre mechanischen und chemischen Eigenschaften und Zustände. Diese Analyse zielte darauf ab, den Mechanismus zu untersuchen, der zur Morphogenese führte und diese ermöglichte. Durch diese Studie fand Turing heraus, dass der zentrale Mechanismus derjenige der Reaktions-Diffusion war. Als Morphogene bezeichnet er die Substanzen, die reagieren und diffundieren. Diese Integration führt zu Mustern unterschiedlicher Konzentration von Morphogenen. Die Art des entstehenden Musters hängt von den Eigenschaften der Morphogene und der Größe des Systems ab. So lässt sich mit Hilfe der Reaktions-Diffusions-Gleichungen und eines Systems von partiellen Differentialgleichungen berechnen, welche Konfigurationen zu welchen Mustern und Formen führen.

Turings morphologische Forschung teilte mit Thompson (und mit Kant) die Idee, dass die Mathematik die Sprache ist, die alle Phänomene vereint, und dass es Wissenschaft nur dort gibt, wo eine solide mathematische Basis gefunden werden kann – Thompson begann die Einleitung zu seinem Buch *On Growth and Form* mit einem Zitat von Kant, das besagt, dass das Kriterium der Wissenschaftlichkeit in der Beziehung liegt, die die Wissenschaften zur Mathematik haben. Darüber hinaus steht Turing vor dem gleichen Problem wie Thompson: der Nachvollziehbarkeit von Mustern, Prozessen und deren möglichen Erklärungen, die mit der internen Dynamik der Entwicklung verbunden sind. Die Flecken eines Leoparden unterscheiden sich nicht wesentlich von der inneren Struktur eines Knochens oder der einer Schnecke. Sie alle sind Ausdruck von mathematischen, geometrischen und physikalischen Kräften. Das Problem der Morphogenese sei daher, wie Thompson formulierte, ein physikalisches und technisches.

In diesem Kapitel wurden nicht nur die Ideen eines weiteren Wissenschaftlers, D'Arcy Thompson, vorgestellt, der die biologische Morphologie und das technische Studium der Formen während des 20. Jahrhunderts stark geprägt hat, sondern es wurde auch gezeigt, wie seine Ideen nach zwei unterschiedlichen Auffassungen auf verschiedenen Agendas aufgenommen und in die Praxis umgesetzt wurden. Damit lieferte Thompson grundlegende Elemente zum Verständnis der Entwicklung der technologischen Erforschung biologischer Formen und ihrer Umsetzung im technischen Design des 21. Jahrhunderts. Tatsächlich werden, wie im nächsten Kapitel diskutiert wird, Thompsons Ideen durch einen explorativen Einsatz von Computern und Robotik gestützt, die die Agenda der Bionik im ersten Jahrzehnt des 21. Jahrhunderts stark geprägt haben. Die Hauptidee von Thompson, die immer wieder aufgegriffen wurde, ist die folgende: »[W]ir wollen sehen«, schreibt Thompson, »wie die Formen der Lebewesen und ihrer Teile durch physikalische Überlegungen erklärt werden können und uns klar machen, dass es im Allgemeinen keine anderen organischen Formen gibt als solche, die mit den physikalischen und mathematischen Gesetzen übereinstimmen«.[166]

Bei der Analyse der beiden wichtigen Rezeptionen von Thompsons Ideen durch Kiesler und Alexander sind weitere Elemente hervorgetreten, um die Beziehung zwischen organischen Formen, morphogenetischen Prozessen, Technologien und ihre mögliche Entgrenzung weiter zu problematisieren.

So stellt Kiesler, obwohl in einer Sprache, die in der Sekundärliteratur als schwer verständlich oder mystisch bezeichnet wurde, zwei wichtige Punkte in den Vordergrund: Erstens räumt er ein, dass die Natur Formen herstellt, indem sie technisch, fast wie ein Ingenieur, arbeitet. Allerdings besteht trotzdem ein wesentlicher Unterschied zwischen dem Prozess des Aufbaus organischer und biotechnischer, durch den Menschen hergestellter Formen. Der Mensch konstruiert. Er setzt Elemente zusammen, wie bereits die Etymologie von Konstruktion andeutet. Die Natur bringt stattdessen Formenreihen hervor. Einerseits findet man ein Zusammenbringen von Elementen, anderseits Kontinuität.

Zweitens betont Kiesler die Bedeutung des Begriffs der technologischen Umwelt. Diese wird durch menschliche Bedürfnisse erzeugt. Die Bedürfnisse sind allerdings nicht statisch – sie entwickeln sich, ändern sich und werden im Laufe der Zeit entsprechend angepasst. An der Spitze einer möglichen Hierarchie technologischer Bedürfnisse steht laut Kiesler das Bedürfnis nach Gesundheit.

Dieser Punkt eröffnet einen breiteren Diskurs über das Verhältnis von Bedürfnissen, Werten und technologischen Produkten, was wichtig ist, um wiederum die Beziehung zwischen natürlichen Formen und Technologie zu beurteilen, wie im letzten Kapitel ersichtlich wird. Ausgehend von der Bedeutung der technologischen Umwelt und der Bedürfnisse, die es hervorbringt, glaubt Kiesler zudem, dass er die immer wieder gestellte Frage, was das Kriterium für die Bewertung des Entwurfsprozesses sei, komplett überdenken kann. Die bisher vorgeschlagenen Kriterien, um den Entwurfsprozess zu bewerten, nämlich Schönheit, Haltbarkeit, Praktikabilität und niedrige Kosten, seien alle fehlerhaft und schwer zu kombinieren. Den Gordischen Knoten durchschneidend schlägt Kiesler vor, als Kriterium zu nehmen, was alle eben genannten Kriterien synthetisch zusammenfasst: das Kriterium der Gesundheit. So stellt Kiesler fest: »Die Architektur der Zukunft wird nicht mehr in erster Linie nach der Schönheit des Rhythmus, dem Nebeneinander von Materialien, dem zeitgenössischen Stil usw. beurteilt werden. *Die Architektur wird so zu einem Instrument der Kontrolle über die Gesundheit des Menschen, seiner Degeneration und Regeneration*«.[167] Dieser Punkt eröffnet eine breitere Debatte zum Verhältnis von naturinspirierten Technologien und Artefakten und Werten, die dazu verhelfen sollen, den Entwurfsprozess zu bewerten.

Alexander zeigt zwei weitere zentrale Anliegen auf: Zunächst, wie die technische Form fast automatisch durch ein System von Kräften und durch eine analytische und synthetische Auswertung dieses Systems erzeugt werden kann. Die Form scheint sozusagen automatisch aus diesem Kräftespiel hervorzugehen; sowohl der Organismus als auch das technische Produkt werden also passiv und automatisch hergestellt. Der Punkt, der die Dynamik und die der Materie innewohnenden Strukturen betrifft, die sozusagen die Art der Form diktieren, die erscheinen wird, ist sehr wichtig und wird in den Schlussfolgerungen des Buches ausführlich analysiert, nachdem andere Elemente in dieser Hinsicht in den nächsten Kapiteln erläutert werden.

Zweitens fragt er sich: Inwieweit kann die Form als eine Synthese verschiedener Kräfte erzeugt und verstanden werden? Welche Rolle spielt die Willkür, mit der die Kräfte gewählt werden? Kann es eine optimale technische Form geben, wenn wir nicht in der Lage sind, die zugrundeliegenden Kräfte systematisch und umfassend aufzulisten? Mit anderen Worten: Welche Übersetzbarkeit besteht zwischen den physikalisch-chemischen Kräften, die die Morphogenese steuern, wie Thompson gezeigt hat, und den Kräften, die aus menschlichen Systemen und Bedürfnissen oder, wie Kiesler sagen würde, aus der technologischen Umwelt hervorgehen? Das Problem der Übersetzbarkeit ist meiner Meinung nach das, was die Entwicklung der Bionik seit dem 21. Jahrhundert kennzeichnet und damit in gewisser Weise einen Bruch darstellt zur biotechnischen Erforschung der Formen im 20. Jahrhundert. Das nächste Kapitel führt in dieses Problem ein, während das übernächste Kapitel diesem Aspekt der Übersetzung gewidmet ist.

4. DIE VERSÖHNUNG DER 1960ER JAHRE UND DAS NEUE GLEICHGEWICHT

Der Austausch zwischen Biolog:innen, Architekt:innen und Ingenieur:innen war während des gesamten 20. Jahrhunderts konstant und fruchtbar. In der amerikanischen organischen Tradition der Architektur war ein solcher Austausch sehr zentral. Als Vertreter des architektonischen Organizismus befürworteten die Architekten Frank Heyling Furness (1839–1912), Louis Sullivan (1856–1924) und Frank Lloyd Wright (1867–1959) auf verschiedene Weise einen starken Isomorphismus zwischen Natur und Architektur. Sullivan war ein prominenter Verfechter des Diktums »form follows function«[168]. Er war davon überzeugt, dass das Design und die äußere Erscheinung eines Gebäudes, also seine sichtbare Form, die Aktivitäten widerspiegeln sollten, die im Inneren stattfinden, d.h. seine Funktion als sozialer, arbeitender, produktiver Ort usw. Das emblematische Gebäude, das diese Philosophie verkörpert, ist das Wainwright Building von 1891 in St. Louis, Missouri. Hier ist zu sehen, wie sich die unterschiedlichen Funktionen des Gebäudes, zum Beispiel Gewerbe im Erdgeschoss, Büros in den mittleren Etagen und Lager in den oberen Etagen, in der Form der verwendeten Fenster widerspiegeln. Im Erdgeschoss brauchen Läden mehr Licht und daher größere Fenster, damit Kunden zum Kauf angelockt werden können. Dies steht bei der Gestaltung von Büros nicht im Vordergrund, so dass auch kleinere Fenster verwendet werden konnten. Damit trieb Sullivan einen starken Funktionalismus voran.

Sullivans Assistent Wright dagegen lehnte diesen Funktionalismus ab. Er vertrat die Idee, dass die Form der Natur folgt. 1912 schrieb er über die symbiotische Begegnung zwischen Kunst und Natur:

> Eine Blume ist schön, sagen wir – aber warum? Weil sie in ihrer Geometrie und in ihren sinnlichen Qualitäten eine Verkörperung und ein bedeutender Ausdruck jenes kostbaren Etwas in uns selbst ist, von dem wir instinktiv wissen, dass es Leben ist, … Intuitiv

begreifen wir etwas davon ... Die Qualität in uns, die unser Leben selbst ist, erkennt sich dort ... So schwingt in uns ein mitfühlender Akkord, den die Blume auf mystische Weise anschlägt. Nun, wie es mit der Blume ist, so ist es auch mit jedem Kunstwerk ... denn ein Kunstwerk ist eine Blüte der menschlichen Seele ... In ihm finden wir die Züge des menschlichen Denkens und die erregenden Spuren des menschlichen Fühlens.[169]

In der ersten Hälfte des 20. Jahrhunderts gab es zahlreiche Überschneidungen zwischen Biologie und Architektur. Beispielsweise arbeitete der Biologe Conrad Hal (1905–1975) mit dem Künstler Richard Hamilton (1922–2011) zusammen, um den Begriff der organischen Form aus einer bio-künstlichen Perspektive herauszuarbeiten. Darüber hinaus beschäftigte sich Louis Sullivan intensiv mit biologischen Theorien von beispielweise Herbert Spencer (1820–1903) und anderen Biologen.[170]

In diesem Kapitel werde ich den Versuch analysieren, eine Versöhnung zwischen Technik und Biologie in der Mitte des letzten Jahrhunderts zu schaffen. Diese Versöhnung beruhte auf der Entstehung der Bionik als biotechnischer Disziplin. Nachdem ich den Ursprung der Bionik in der amerikanischen Biologie und Technik in den 1960er Jahren geklärt habe, werde ich die Versuche differenzieren, die in den 1960er Jahren in Deutschland unternommen wurden, um die Kluft zwischen Biologie und Technik zu verkleinern. Unter den verschiedenen Versöhnungsversuchen, die in den 50er und 60er Jahren unternommen wurden, werden in diesem Kapitel die Untersuchungen der deutschen Biologen Johann-Gerhard Helmcke (1908–1993) und Werner Nachtigall (*1934) analysiert. Die Untersuchungen dieser Biologen sind emblematisch, da sie die theoretischen Grundlagen und praktischen Prämissen der Bionik durch einen kontinuierlichen Austausch von Ideen und Praktiken mit Architekt:innen und Ingenieur:innen (u. a. dem Architekten Frei Otto) erforscht haben. Die Grundthese bestand, wie ich zeigen werde, darin, dass durch die Bionik ein neues Gleichgewicht zwischen Natur, Umwelt und Technik erreicht werden kann.

Jack Steele (1924–2009), ein Ingenieur der U.S. Air Force, prägte 1958 den Begriff *Bionics*. Er definierte diese Disziplin als »die Wissenschaft von Systemen, deren Funktion auf lebenden Systemen beruht oder diesen ähnelt«.[171] Das Forschungsprogramm der *Bionics* wurde im Frühjahr 1959 am Wright-Patterson-Center der U.S. Air Force ins Leben gerufen, die offizielle Einführung dieser neuen Wissenschaft fand jedoch erst im September 1960 statt. 700 Ingenieure, Physiker, Mathematiker, Psychologen, Psychiater, Biologen und Biophysiker diskutierten auf einem Kongress in Dayton, Ohio, über die Verschmelzung von Biologie und Technologie.

In seinem feierlichen Eröffnungsvortrag auf dem Kongress erläuterte der österreichische Physiker und Kybernetiker Heinz von Foerster (1911–2002) den Ursprung und die Bedeutung der Bionics. In Anlehnung an Goethes Formenlehre behauptete Foerster, dass die wahre Absicht der Bionics darin besteht, über die Spezialisierung der Wissenschaft hinauszugehen und damit verschiedene Disziplinen zu vereinen. Das Motto der Bionics sei, synthetische und analytische Prinzipien sowie biologische und technische Disziplinen zu vereinen. Darüber hinaus erkannte Foerster, wie die meisten der auf dem Kongress anwesenden Wissenschaftler, die Kybernetik als eine unverzichtbare Disziplin für die Überbrückung der Kluft zwischen dem Technischen und dem Biologischen und damit für die Entwicklung der Bionics als unabhängige Disziplin an.

1948 veröffentlichte der nordamerikanische Mathematiker Norbert Wiener (1894–1964) das Buch *Cybernetics or Control and Communication in the Animal and the Machine*. Wie Wiener in diesem Buch behauptet, untersucht die Kybernetik »das gesamte Gebiet der Regelungs- und Kommunikationstheorie, sei es in der Maschine oder im Tier«[172]. In seinem 1956 erschienenen Werk *An Introduction to Cybernetics* charakterisierte der englische Psychiater und Kybernetik-Pionier William Ross Ashby (1903–1972) die Kybernetik wie folgt: »»The art of steersmanship‹ befasst sich mit allen Formen des Verhaltens, soweit sie regelmäßig oder determiniert oder reproduzierbar sind: steht zur realen Maschine – elektronisch, mechanisch, neuronal oder ökonomisch – genauso wie die Geometrie zum realen Objekt in unserem irdischen Raum steht; bietet eine Methode zur wissenschaftlichen Behandlung des Systems, in dem die Komplexität herausragend und zu wichtig ist, um ignoriert zu werden«.[173]

Die Kybernetik bot somit einen interdisziplinären Ausgangspunkt für die Transformation des Menschen. Einerseits waren die Kybernetiker daran interessiert, die Dynamik von Kommunikations- und Regelkreisen in den Ingenieurwissenschaften zu verstehen. Zum anderen versuchten sie, diese Ergebnisse in das Studium einer Vielzahl unterschiedlicher Disziplinen wie Informatik, Biologie, Politik, Wirtschaft und Neuropathologie zu übertragen. Darüber hinaus setzten die Kybernetiker sich intensiv dafür ein, das traditionelle Menschenbild zu überdenken und zu erweitern. Durch diesen Prozess wurden Technologie und Anthropologie im Zuge der Entstehung der neuen Wissenschaft der Kontrolle miteinander verschmolzen.

Neben der Entwicklung und wachsenden Popularität der Kybernetik wurde die Etablierung der englischsprachigen Bionik durch die biomechanische Untersuchung der organischen Form in den Vereinigten Staaten in den 1960er Jahren erleichtert. In den 1960er und 70er Jahren hat sich in den USA in vielen Institutionen ein technischer und ingenieurwissenschaftlicher Ansatz für das Studium der biologischen Form durchgesetzt.

Unter den vielen Biologen, die biomechanische Studien durchgeführt haben, ist der wichtigste und in diesem Zusammenhang Carl Gans (1923–2009). Gans war ursprünglich Ingenieur und schloss sein Studium mit einem Bachelor in Maschinenbau an der New York University und einem Master of Science in Maschinenbau an der Columbia University ab, bevor er für das Ingenieurbüro Babcock & Wilcox arbeitete. Erst später wechselte er zur Herpetologie und funktionellen Anatomie. Während er sich mit biologischen Fragen befasste, nutzte er seinen Hintergrund in den Ingenieurwissenschaften als methodisches Werkzeug zur Untersuchung von Anpassungsmechanismen und Evolution. So verwendete er beispielsweise einen ingenieurwissenschaftlichen Ansatz zur Evolution, um den Fisch-Tetrapoden-Übergang und die Entwicklung der Fütterungsmechanismen von Schlangen zu untersuchen. Insbesondere in dieser letztgenannten Studie setzte

Gans seinen ingenieurwissenschaftlichen Hintergrund ein. Er untersuchte die Evolution des Nahrungsmechanismus der Schlangen der afrikanischen Gattung *Dasypeltis*. Die Besonderheit dieser Schlangen besteht darin, dass sie, obwohl sie zahnlos sind, in der Lage sind, große Eier zu fressen. Sie »brechen sie in der Speiseröhre auf, pressen ihren flüssigen Inhalt aus und würgen die Schale (zu einer zigarrenförmigen Masse zusammengerollt) wieder aus«.[174]

Diesem Ansatz folgend definierte der Evolutionsbiologe Stephen Jay Gould den Organismus als »ein physikalisches Objekt, das den Gesetzen der Mechanik unterliegt; seine Komplexität kann oft durch wenige, einfache geometrische Anweisungen erzeugt werden; seine Anpassung kann mechanisch analysiert werden, oft so, wie ein Ingenieur die Effizienz einer Maschine beurteilen würde, die zur Ausführung einer bestimmten Aufgabe gebaut wurde«.[175]

Die Disziplin Bionics wurde also in einem Kontext gegründet, in dem aus verschiedenen Richtungen versucht wurde, die Lücke zwischen Technik und Biologie zu schließen. Diese Mischung spiegelte sich auch in den auf dem Symposium von 1960 verwendeten Worten wider.

Die allgemeine Diskussion, die sich an die verschiedenen Präsentationen des Kongresses anschloss, zeigte zudem die philosophischen Grundannahmen der Bionics auf. Der US-amerikanische Bibliothekar und Pionier des Information Retrieval Mortimer Taube (1910–1965) war diesbezüglich zum Beispiel sehr explizit. Er sagte, dass wenn jemand wirklich daran interessiert sei, über die spezifischen Unterschiede zwischen den Disziplinen, oder besser gesagt zwischen biologischen Organismen und Maschinen, hinauszugehen, dann sollte diese Person nicht in nutzlosen mechanistischen Weltanschauungen gefangen sein. Im Gegenteil, diese Person sollte biologische oder »im Wesentlichen organische« Auffassungen vertreten. »Meine Autoritäten in dieser Hinsicht«, gestand Taube, »sind Russell, Whitehead, Pairse und von Neumann«.[176]

Die Bionics der 1960er Jahre (und auch die des frühen 20. Jahrhunderts) waren demnach tief in dem im ersten Kapitel vorgestellten organizistischen Formbegriff verwurzelt. Ihre ›Schutzpatrone‹ waren Goethe, Kant und andere organisch orientierte Philosophen und Denker. Zugleich wurde die Bionik als Fortsetzung von Francés Programm konzipiert. Philippe Goujon folgend war Bionics

»die englische Übersetzung von Francés Interesse an der Erforschung der Entstehung und der Funktionsprinzipien von Lebewesen, um die gewonnenen Erkenntnisse auf die Entwicklung physikalischer Systeme anzuwenden«.[177]

Der Begriff »Biomimetik« [biomimetics] wurde hingegen erstmals 1969 von dem US-amerikanischen Naturwissenschaftler Otto Herbert Schmitt (1913–1988) während eines Biophysik-Kongresses vorgestellt. Schmitt war ein Biophysiker, der im Rahmen seiner Doktorarbeit ein physikalisches Gerät entwickelt hatte, das die elektrische Aktivität von Nerven imitiert. Seine Hauptziele waren die Entwicklung von multifunktionalen und Hochleistungswerkstoffen.

Er sah die Biomimetik nicht als ein akademisches, an sich abgeschlossenes Wissensgebiet, sondern eher als einen methodischen Standpunkt. Dementsprechend war sie für ihn eine notwendige Herangehensweise an Probleme der Technik, welche die Theorie und Verfahren der Biowissenschaften nutzt. Die biomimetische Anschauung könnte dann den Wissenschaften dabei helfen, die Perspektiven und die Methodik der physikalischen und technischen Wissenschaften zu vertiefen und diese in biologische und nachhaltige Forschung umzusetzen.

Tatsächlich entstand die Biomimetik im Gegensatz zur Bionik aus einem ökologischen Anliegen heraus, das Design wieder mit der Natur zu verbinden, mit dem Hauptziel, nicht Innovationen, sondern eine nachhaltigere Technologie zu entwickeln. Der Modus der Versöhnung zwischen der natürlichen und der technischen Welt wurde also von diesen beiden Disziplinen, oder besser gesagt: von diesen beiden Standpunkten, auf unterschiedliche Weise verfolgt.[178]

In den nächsten Abschnitten soll analysiert werden, wie die Versöhnung zwischen Technik und Biologie im deutschsprachigen Raum in den 1960er und 1970er Jahren konzipiert wurde. In der deutschsprachigen Community wurde diese Versöhnung auf einem tieferen theoretischen Rahmen begründet. Deutsche Biologen, Ingenieure und Architekten befürworteten das Konzept der Form als eine Kombination von Elementen und technischen Evolutionsstrategien zur Simulation evolutionärer morphogenetischer Prozesse.

[I]ch denke gar nicht daran, aus Ihnen Biologen machen zu wollen. So werden Sie fragen: ›warum sollen wir uns mit Dingen, z. B. der Biologie, belasten, zumal doch heute gerade in Deutschland und in Berlin jede Kraft optimal und nutzbringend eingespannt werden müßte?‹ Wir haben jetzt das Zeitalter der Technik und wissen, daß seine vorwärtsstürmende Entwicklung noch längst nicht abgeschlossen ist. Und trotzdem spricht man schon oft von dem kommenden biologischen Zeitalter. Diese beiden Gebiete scheinen wenig Beziehung untereinander zu haben, aber die Zukunft wird eine Synthese erzwingen.[179]

Mit diesen Worten begann der deutsche Biologe Johann-Gerhard Helmcke (1908–1993) eine seiner interdisziplinären Vorlesungen an der Technischen Universität Berlin. Die These, die seine Vorlesungen leitete, war (vermeintlich) einfach und gleichzeitig innovativ: Technik und Biologie sollen zu einer tiefgreifenden Synthese gelangen.

Helmcke arbeitete von 1954 bis 1976 als Professor für Biologie und Anthropologie an der Technischen Universität in Berlin. Er begann seine akademische Laufbahn am Museum für Naturkunde in Berlin und wechselte dann in die Gruppe für Mikromorphologie am Institut für Elektronenmikroskopie. Dieses wurde vom Physiker und Erfinder des Elektronenmikroskops Ernst Ruska (1906-1988) geleitet und gehörte zur Stiftung Deutsche Forschungshochschule, die 1953 in das Fritz-Haber-Institut der Max-Planck-Gesellschaft in Berlin umgewandelt wurde. Ab 1951 war er Ruskas Nachfolger als Leiter der Forschungsgruppe für Mikromorphologie und wurde gleichzeitig zum Professor für Biologie an der Technischen Universität Berlin berufen, die allerdings ein Teil der geisteswissenschaftlichen Fakultät war. Er leitete die Forschungsgruppe für Mikromorphologie am Fritz-Haber-Institut, bis diese 1970 geschlossen wurde und er an die Technische Universität Berlin wechselte. Helmcke wurde hier zum Professor für Biologie und Anthropologie berufen, diesmal in der Abteilung für Physikalische und Angewandte Chemie am Max-Volmer-Institut für Biophysikalische und Physikalische Chemie.[180]

In den 1950er Jahren begann Helmcke für seine Entdeckung der prismatischen Struktur des Zahnschmelzes weltweite Anerkennung zu erhalten. Durch seine Fotografien von Diatomeen und Radiolarien erlangte er bald internationales Renommee[181]. Helmcke beschrieb diese Mikroorganismen nicht nur, er stellte auch die Prinzipien in Frage, die für ihre Morphogenese verantwortlich sind. Dies veranlasste ihn zu mehreren interdisziplinären Arbeiten.

Mit Heinrich Hertel, Professor für Luftfahrttechnik an der Technischen Universität Berlin, schuf er beispielweise eine, wie sie sagten, »Ehe zwischen Technik und Biologie«, die zum Schlachtruf »TUB« (kurz für: Technologie und Biologie) führte[182]. Ziel dieser Arbeitsgruppe war es, die strukturellen Eigenschaften von schwimmenden oszillierenden Objekten zu untersuchen. Helmckes Interesse an der Biotechnik verstärkte sich durch ein Treffen mit dem deutschen Architekten Frei Otto (1925–2015). Gemeinsam arbeiteten sie an vielen Projekten sowie am Erfolg von zwei Sonderforschungsbereichen (SFB).[183]

In diesem Abschnitt möchte ich mich auf die von Helmcke entwickelte Idee von Bionik konzentrieren. In mehreren Publikationen hat Helmcke über die Potenziale und Defizite dieser Disziplin nachgedacht. Zum Beispiel versuchte er in der Zeitschrift »Techniken der Zukunft« Ordnung in die verschiedenen Konzepte zu bringen, die in letzter Zeit aufkamen, um die mögliche Verbindung zwischen Biologie und Technik aufzuzeigen. Er definierte Biotechnik als »Ingenieurdisziplin, die Organismen oder biologische Prozesse mit technischen Elementen oder Systemen zu arbeitsfähigen Gesamtheiten verbindet«.[184] Bionik wiederum wird von Helmcke als die Disziplin definiert, die »technisch[e] Systeme [entwickelt], die auf einer analogischen Anwendung konstruktiver und funktionaler Prinzipien der Natur beruhen«.[185]

Den besten Weg, diesen Unterschied und auch die möglichen Ziele der Bionik und Biotechnik zu verstehen, bietet ein Artikel von Helmcke, der 1968 in der Zeitschrift »Bild der Wissenschaft« erschienen ist. Der Ausgangspunkt von Helmcke ist klassisch: In der Natur finden sich Beispiele für Leistungen, Funktionen und Strukturen, die optimal an die gewählte Aufgabe angepasst sind. So fragt er sich etwa: »Worin ähneln sich Biotechnik und menschliche Technik, und worin unterscheiden sie sich?«[186]

Helmcke unterscheidet daher zwischen zwei Arten von Techniken – die des Menschen und die der Natur. Die erste hat sich aus der Geschichte der Menschheit selbst entwickelt. Ihr Zweck ist die Steigerung der »Fähigkeiten des Körpers« (wie auch Kapp die Technik definierte). Die zweite ist jedoch sehr unterschiedlich, sowohl was den Zweck als auch den Ursprung betrifft. Biotechnik, so Helmcke weiter, »ist der Ursprung allen Lebens; ihr Ergebnis sind Pflanzen, Tiere, Menschen – in steter Vervollkommnung bis zum heutigen Tage«.[187] Auch der Zweck ist sehr unterschiedlich. Die Biotechnik ist nicht durch ein Ziel oder einen Weg vorgegeben. Demgegenüber stellte Helmcke fest: »Für jeden Evolutionsschritt besteht vielseitige Richtungsfreiheit im Rahmen des Möglichen. Die Biotechnik hat daher unvorstellbar viele unterschiedliche Zukünfte«[188]. Das Prinzip der Biotechnik besteht also nicht darin, ein vorgegebenes oder vorbestimmtes Ziel zu erreichen, sondern es sucht durch Prozesse des Irrtums und des Erfolgs nach Formen, die bestimmten Aufgaben gerecht werden. Seine Arbeitsmethode basiert daher auf einer unendlichen Anzahl langwieriger Versuche.

Darüber hinaus basiert die Biotechnik auf dem Prinzip der Kombination der Teile. Die Natur verbindet Elemente zu neuen Formen und technischen Lösungen. Helmcke fügte hinzu, dass »das Prinzip der beliebigen Kombination weniger Bauteile zu immer neuen Gestalten und Prozessen […] so tief in der unbelebten und belebten Natur verankert sein [muß], daß wir denkenden Menschen diesem reizvollen Spiel unterliegen«.[189] Der Vergleich zwischen den beiden kombinatorischen Künsten ist deutlich sichtbar, wenn man das Schachspiel mit den Abläufen in der Natur vergleicht. Beide sind in der Lage, aus vorgegebenen Elementen nahezu unendliche Kombinationen zu erzeugen.

Ein weiterer Unterschied zwischen menschlichen und biologischen Techniken liegt in der Art und den Eigenschaften der verwendeten Substanzen. In der Natur haben die in einem kombinatorischen Prozess eingesetzten Substanzen eine Doppelfunktion: Sie sind sowohl Bauelemente als auch Prozesse.

Außerdem hat die Natur schon immer mit der Kunst der Kombinatorik experimentiert, vor allem aber mit ihren negativen Ergebnissen, fügt Helmke hinzu. In den Millionen Jahren des Lebens auf der Erde hat es viele Fragen gegeben. So schreibt Helmcke:

»Beim Lotteriespiel und bei der Entstehung des Lebens sind zwar die Regeln der Wahrscheinlichkeit gleich, aber die Erfolge verschieden. Bei der Lotterie zahlt man unentwegt Gelder ein mit dem Wunschziel, möglichst bald Geld zu erhalten. Bei der Kombination verschiedener Elemente begegnen sich jedoch zum Beispiel zwei Gase – Wasserstoff und Sauerstoff – und verbinden sich zu etwas qualitativ ganz Andersartigem: zu einer Flüssigkeit [...] in dieser Erscheinungsumwandlung liegt das Geheimnis der ›Evolution der Natur‹«.[190]

Demnach folgerte der Wissenschaftler, dass »die zielstrebige menschliche Technik und die spielerische Biotechnik also voreinander prinzipiell [sind]«.[191] Mit anderen Worten: »[D]as Prinzip der Natur«, so Helmcke, »ist die hemmungslose Verschwendung, die jedem Zufallsspiel zugrunde liegt, wenn man gewinnen will«.[192] Dagegen versucht die menschliche Technik sparsam und mit geizigen Wirtschaftsweisen Produkte anzufertigen.

Nun fragt Helmcke, wie die menschliche Technik diese Defizite verringern kann. »Um diesen Mangel zu mildern«, behauptet er, »gibt es zwei Möglichkeiten: den Mut zur spielerischen Kombination und den Willen zur bewußten Nachahmung«.[193] Das erste Prinzip kann umgesetzt werden, aber die Ergebnisse sind ungewiss und der Zeitrahmen ist extrem lang. Die Nachahmung der Natur scheint eine angemessenere Antwort zu sein, und dennoch ist es eine merkwürdige Nachahmung, denn es handelt sich dabei nicht um eine konkrete. Helmcke stellt fest, dass beispielsweise die Kraft und Leistungsfähigkeit des menschlichen Skeletts bewundernswert sind, das Knochengerüst beim Bau von Gebäuden allerdings nicht direkt übertragen werden kann. Deshalb kommentiert Helmcke: »Nachahmen können wir also die biotechnische Idee; die Wahl der Mittel und die zweckrechte Verwirklichung bleiben Aufgaben der menschlichen Technik«.[194]

Können wir aber in diesem Fall, fragt sich der Biologe weiter, noch von einer Art Nachahmung der Natur sprechen? Eine Imitation zwischen den beiden Techniken, schließt er, liegt darin, dass die Organismen selbst als »mögliche Konstruktionen« betrachtet werden können. Diese konstruktive Fähigkeit ist es, die aus dem Reich der Natur in das Reich des Menschen transportiert werden muss.

Ein weiterer Forscher, der die Idee einer möglichen Versöhnung zwischen Technik und Biologie vertritt, ist der deutsche Biologe Werner Nachtigall (*1934). Nachtigall verteidigt in seiner wissenschaftlichen Arbeit stets – vor allem in seinen Schriften der 1970er Jahre, die durch die intensive Zusammenarbeit und den Gedankenaustausch mit Otto, Helmcke und anderen Wissenschaftler:innen entstanden sind – diese mögliche Vereinbarkeit. Beispielsweise schreibt Nachtigall: »Vielleicht, so ist zu hoffen, kann die Biotechnik in Verbindung mit einem neuen und weiteren Selbstverständnis der Biologie ein wenig dazu beitragen, die weitere Entwicklung positiv zu beeinflussen. Es sollte wieder zu einer Einpassung des Menschen in seine Umwelt kommen, die auf höherer Ebene jenen Zustand natürlichen Gleichgewichts herstellt, der bis zum Beginn unseres Jahrhunderts in etwa gegeben war, und den der Mensch gegenwärtig völlig umzustürzen droht. Die Versöhnung von Natur und Technik wäre zumindest in den Perspektiven denkbar«.[195]

Der Ausgangspunkt der Analyse Nachtigalls ist klassisch. Die Natur, verstanden als eine unabhängig von uns metaphysische Einheit, wird als Inspirationsquelle für mögliche technische Ausarbeitungen definiert: »Im kleinen wie im großen steht die Natur als Lehrmeisterin vor uns«, schreibt Nachtigall, und setzt fort: »Der Mensch hat Anlaß zur Bescheidenheit. Vieles, was er konstruiert hat, kennt die Natur schon aus der Zeit, als er noch nicht auf der Erde war, und aus der unerhörten Formenfülle und Mannigfaltigkeit naturwüchsiger ›Konstruktionen‹ können wir immer noch lernen«.[196]

Nachtigall zufolge strahlte diese kontinuierliche und durchdringende Mischung also in viele Zweige des menschlichen Wissens aus. Daraus folgt für Nachtigall: »Biologie und Technik [werden] immer mehr zueinander finden und als Biotechnik nach beiden Seiten Anregung ausstrahlen; dem Biologen wächst ein vertieftes Verständnis für die Konstruktionen der belebten Welt zu, der Techniker gewinnt Anregung für eigene Schöpfungen.«[197]

Nachtigall setzt daher den Akzent auf einige wesentliche Aspekte der zukünftigen Biotechnik. Zunächst unterscheidet er sorgfältig zwischen der Arbeit und dem Studiengebiet des Biologen und

Ingenieurs und bringt sie in der Folge besser in Einklang. Diese beiden Werke und die daraus resultierenden Disziplinen sind sehr unterschiedlich und oft nicht einmal miteinander vergleichbar: »Der Unterschied im Arbeiten des Biologen und des Technikers läßt sich vielleicht wie folgt umreißen: Der Biologe befaßt sich mit Systemen der belebten Welt, die vorgegeben sind und die funktionieren. Er muß diese Gebilde analysieren und angemessen beschreiben. Er bemüht sich, ihre Funktionen zu verstehen. Dem Techniker dagegen stellt sich die Aufgabe, Mechanismen zu konstruieren und sie nach einem vorgegebenen Ideenplan zum Funktionieren zu bringen. Der Biologe ist Analytiker, der Techniker Synthetiker«.[198]

Zudem muss angesichts der Vielfalt der Bereiche und Arbeiten eine tiefe Trennlinie zwischen Bionik und technischer Biologie – oder Biotechnik – gezogen werden. »Ziel der Bioniker ist es«, kommentiert Nachtigall, »der Natur Geheimnisse abzulauschen und durch sie Konstruktionsprinzipien kennenzulernen, nach denen sich technische Gebilde bauen lassen. Auch als ›Biotechnik‹ wird dieses Grenzgebiet zwischen zwei Disziplinen bezeichnet – wohl eines der interessantesten, die es heute gibt«.[199] Damit weist Nachtigall die Biotechnik als eine Disziplin aus, die Wissen und Daten aus der Technik in die Biologie transferiert. Ziel war es dabei, mit Hilfe der Technik, insbesondere durch technische Physik, die Biologie zu studieren, um biologische Modelle besser zu verstehen. Der Begriff »Bionik« dagegen wurde von Nachtigall verwendet, um den umgekehrten Transferprozess zu bezeichnen, das heißt für den Transfer von Informationen, Wissen und Ergebnissen aus der Biologie in die Technik. Damit soll von der Natur für eine eigenständige technische Gestaltung gelernt werden.

In den beiden soeben skizzierten Disziplinen wird Nachtigall als Biotechniker dargestellt. In einem Brief an Helmcke gestand er: »Das was wir arbeiten, ist eigentlich im besten Sinne ›Biotechnik‹. Ich habe mich bisher aber immer gescheut, diesen Namen anzuwenden. Wir analysieren Konstruktionen der Natur mit den Mitteln der technischen Physik und beschreiben sie in einer dieser Wissenschaft adäquaten Terminologie. Mein Grundaspekt ist der, die Konstruktionen zu verstehen und adäquat zu beschreiben. Wir haben weiniger das Bedürfnis, sie – so wie es die amerikanischen

Bioniker tun, technisch ›nachzubauen‹ oder als Anregungen für technische Entwicklungen zu nehmen [...]. Geräte, die Ähnlichkeit mit biologischen Mechanismen haben, sind in den allermeisten Fällen in den Gehirnen der Techniker entstanden und nicht durch den Vergleich mit dem ›Vorbild Natur‹ entwickelt worden.«[200]

Trotz der Vielfalt der Unterschiede zwischen Biologie und Technik sowie zwischen Biotechnik und Bionik lässt sich ein einheitliches technisches und biologisches Prinzip herausfinden – kurzum, dies ist das Ziel von Nachtigalls theoretischer Forschung. Sowohl in der Natur als auch in der Technik lassen sich Konstruktionen identifizieren, und Wissenschaftler müssen diese Einheiten analysieren, indem sie die ihnen zugrunde liegenden Bauprinzipien erforschen: In beiden Disziplinen, so Nachtigall, geht es »um ein Wechselspiel von Strukturen und Funktionen oder von Konstruktionen und den Prinzipien ihres Funktionierens«.[201]

Aber was sind konstruktive Prinzipien? In technischer Hinsicht scheint die Antwort auf den ersten Blick einfach zu sein. Die konstruktiven Prinzipien sind die abstrakten Grundlagen, die dem möglichen Funktionieren eines entworfenen Mechanismus zugrunde liegen. Mit anderen Worten, nur die Grundgesetze, dass »sie schließlich *das Gedankenschema für ein funktionstüchtigen technisches Gebilde abgeben, das man sich von vornherein zum Ziel gesetzt hat*«.[202] Zum Beispiel ist das Konstruktionsprinzip einer Schreibmaschine, fügt Nachtigall hinzu, »eine 6-gliedrige kinematische Verbundkette mit zwei gemeinsamen Gliedern«[203]. In der organischen Welt sind konstruktive Prinzipien in ähnlicher Weise nachvollziehbar. »Der Erfinder hat die Konstruktion durch einen Denkprozeß gefunden und dann gebaut«[204]. Deshalb muss der Biologe die organischen Mechanismen mit den Augen eines Ingenieurs analysieren. Wenn der Biologe die Öffnung des Fischmauls verstehen will, muss er von den Besonderheiten abstrahieren und sich mit dem Funktionsprinzip beschäftigen. Auf diese Weise wird er entdecken, dass selbst die Öffnung des Mauls eines Fisches auf einer 6-gliedrigen kinematischen Kette beruht.

Dann schlussfolgert Nachtigall, »[ist] es [...] völlig gleichgültig, ob die ausgeführte Konstruktion mit Stahl, Federn und Öl arbeitet, oder mit Knochen, Muskeln und Blut: das Prinzip der Konstruktion bleibt das gleiche. Es ist das gleiche, weil die nämlichen Gesetze den Konstruktionen zugrunde liegen, und weil die spezielle Art in der gegenseitigen Abstimmung der Konstruktionskomponenten dieselbe ist«.[205]

Der mögliche Dialog zwischen Biologie und Technik basiert daher auf dem Begriff der Konstruktion, denn Bauprozesse dominieren sowohl die Natur als auch die Technik. Der interdisziplinäre Dialog und Unternehmungsgeist basierten demzufolge auf dem Studium dieser Prinzipien: »Bisweilen verlieren Fachleute dabei den Blick für das Ganze [...]. Ein Wissenschaftler muß stets die Augen offenhalten zum Blick über den Zaun seines eigenen Fachgebiets. Bearbeitet etwa ein Zoologe ein mechanisches Problem, so soll er nicht nur, sondern muß er in jedem Fall das Wissen des einschlägigen technischen Fachgebietes – der Mechanik – heranziehen. Das fordert einen ständigen Vergleich, einen fortwährenden Informationsaustausch zwischen den Disziplinen«.[206]

Nachdem er die Beziehung zwischen Biologie und Technologie und den Begriff der Biotechnologie geklärt hatte, konzentrierte sich Nachtigall auf die möglichen Auswirkungen dieser Versöhnung. Laut Nachtigall bedeutet die Milderung der Gegensätze zwischen technischen und biologischen Formen zunächst de facto eine Milderung der Erkenntnisse zwischen der menschlichen und damit künstlichen Welt und der Natur: »Vielleicht kann die biotechnische Betrachtungsweise dazu beitragen, die heute oft scharfe und gefährliche Gegensätzlichkeit von Natur und Technik wenigstens hie und da etwas zu mildern, die Versöhnung beider denkbar zu machen. Denn niemand sollte sich Illusionen darüber hingeben, daß ohne diese Versöhnung der Mensch als Art sich in die Gefahr der Selbstausrottung bringt«.[207]

Ferner sollte die Versöhnung zwischen Natur und Techné anthropologisch mit der Aufstellung eines neuen Menschenbildes nachhallen – so wie es die Kybernetik einforderte. Nachtigall brachte viele Beispiele für diesen Zusammenschluss; eins betraf etwa das neue Mensch-Maschine-System: »Das Zusammenwirken von Mensch und Maschine kann dahin führen, daß sich technisch eine übergeordnete Einheit ergibt. Das beste Beispiel ist der Mensch und das Auto. Ein Automobil hat bestimmte Fahreigenschaften, ein Mensch hat bestimmte Steuereigenschaften«.[208] Auf die neue Symbiose zwischen Menschen und Maschine, die neu aufgeworfenen Fragen und die damit verbundenen Probleme werde ich im letzten Kapitel zurückkommen.

Schließlich spielt Nachtigall auf eine tiefere Synthese zwischen technischen und biologischen Formen an. Diese Synthese basiert nicht nur auf den konstruktiven Prinzipien, die diesen beiden Realitäten gemeinsam sind – oder mit anderen Worten, sie basiert nicht auf der Analyse von produzierten oder konstruierten Formen; vielmehr ist die Synthese über die Besonderheiten der Morphogenese anzustreben, d. h. darüber, wie Formen erzeugt und entwickelt werden können. Diese Synthese kann in der Analyse und technischen Nachahmung der Evolutionsstrategien erreicht werden: »Seit etwa einem Jahrzehnt existiert ein Forschungsgebiet, das zunehmend an Bedeutung gewinnt und faszinierende Perspektiven zu bieten vermag: die Evolutionsstrategie. Evolutionsstrategen sind Techniker, die nicht nach ›fertigen‹ Konstruktionen der Natur suchen. Ihnen geht es um etwas ganz anderes. Sie ahmen den Weg nach, auf dem die Natur zu ihren Konstruktionen gekommen ist, die Evolution«[209].

Die Untersuchung von Evolutionsstrategien sollte in die Entwicklung des Evolutionären Computing einbezogen werden, also eines Teilgebiets der Künstlichen Intelligenz, das hauptsächlich in der kontinuierlichen iterativen und kombinatorischen Optimierung der Lösung eines Problems besteht. Evolutionäres Rechnen gilt als die Schnittstelle und Synthese von mindestens zwei verschiedenen Methoden: die Evolutionäre Programmierung und der Genetische Algorithmus.[210] Die Entstehung der evolutionären Programmierung lässt sich zu Lawrence Fogel in San Diego, Kalifornien, zurückverfolgen, die der genetischen Algorithmen zur Universität von Michigan in Ann Arbor und John H. Holland[211]. Im deutschsprachigen Raum wurden die Evolutionsstrategien von einer Gruppe von drei Studenten, Bienert, Rechenberg und Schwefel, an der Technischen Universität in Berlin entwickelt. Diese drei Ansätze wurden dann in den 1990er Jahren miteinander vereint. Zusätzlich sollte ein gemeinsamer Name gefunden werden, der das Untersuchungsfeld umreißt: Evolutionäres Computing.

Die Grundthese von Rechenberg und Kollegen lautet, dass in der biologischen Evolutionsstrategie optimale Anpassungen an die Umwelt vorkommen. Die gleichen Prinzipien lassen sich in die

Konzeption technischer Systeme transportieren, um optimierte technische Formen zu erzeugen.

Bei diesem Transferprozess müssen nicht alle Evolutions- und Optimierungsfaktoren kopiert werden – eine lineare Transposition wurde a priori ausgeschlossen: »[F]ür eine künstliche Evolution möchte man jedoch nur die wirksamsten Naturprinzipien nachahmen, damit der Algorithmus noch einfach zu handhaben [ist]«.[212] Tatsächlich wurde zwischen den beiden Systemen die Schalterstellungen der Gene mit den Maßgaben einer technischen Zeichnung eines Objektes verglichen. Der Phänotyp wurde mit dem funktionierenden technischen Objekt und schließlich der Organismus mit seiner Umgebung mit der Energie und dem Antrieb eines technischen Systems verglichen. Darüber hinaus wurden die als biologisch relevant erachteten Prinzipien, d. h. der Mutations- und Selektionsprozess, im technischen Design umgesetzt.

Um die These einer möglichen Optimierung in Natur und Technik zu überprüfen, konzipierten Rechenberg und Kollegen 1964 ein Experiment. Dieses wurde von ihnen als ein *Experimentum crucis* für die Gründung und Entwicklung des Studiums von Evolutionsstrategien konzipiert. Das Experiment sollte testen, ob es auf technischer Ebene möglich ist, den Optimierungsprozess der Strategie der biologischen Evolution folgend zu simulieren – Gegenstand der Untersuchung war die optimale aerodynamische Form der Platte. Die optimale Form ist bekanntlich die eines völlig flachen Bretts. Um diese Form zu erreichen, simulierten die Wissenschaftler den Prozess der kausalen Mutation und Selektion durch ein sogenanntes ›Galtonbrett‹ – ein Holzbrett, auf das viele Nägel gehämmert werden. Oben auf dem Spielbrett befindet sich ein Kästchen mit 5 Kugeln, unten eine Reihe von 11 Kästchen. Wenn ein Ball innerhalb des Bretts fallen gelassen wird, prallt er zufällig auf mehrere Nägel und wird entweder nach links oder nach rechts gelenkt. Schließlich kommt der Ball in einer der Kisten am Ende des Holzbretts an. Die 5 Bälle stellen die 5 Gelenke der Platte dar, wobei die Kisten die möglichen Variationen der Neigung der Platte darstellen. Nach etwa 200 Variationen wurde die optimale Form, d. h. die Form, die parallel zur Laufrichtung war, erreicht. Das Experiment zeigte also, dass durch die Anwendung der Prinzipien der Evolution eine optimierte technische Form erreicht werden kann.

Zwischenfazit

In den 1960er Jahren gab es mehrere Versuche, die Kluft zwischen Technik und Natur entweder zu überwinden oder zumindest zu verkleinern. Diese Bestrebungen wurden vor allem durch die politische und gesellschaftliche Situation hervorgebracht, die sich aus dem Zweiten Weltkrieg ergab. Das Misstrauen gegenüber der Technologie war in den Nachkriegsjahren extrem stark. Darüber hinaus wurde die Entwicklung der Kybernetik im russischsprachigen Raum als Herausforderung und Bedrohung für die Vorrangstellung der in der westlichen Welt entwickelten Wissenschaft und Technologie gesehen – wie gezeigt wurde, war die Kybernetik ursprünglich ein Produkt der englischsprachigen Wissenschaften und Technologie.

Die Versöhnung wurde auf mehreren Gebieten gesucht: In der englischsprachigen Bionik war die Wiedervereinigung von Technik und Natur im Wesentlichen eine Erweiterung und Umsetzung der Theorien von Francé und anderen Philosophen, die in Kapitel zwei analysiert wurden. In der Biomimetik wurde die Suche nach Analogieprinzipien zwischen Natur und Technik zudem von einem tieferen ethischen und sozialen Ideal getragen, das auch in der deutschsprachigen Biotechnik sichtbar war. Helmcke zum Beispiel fragte sich dazu: »Wenn doch die Architekten die Schönheit der biologischen Objekte erkennen könnten und dann endlich etwas aesthetischer bauen würden, und wenn doch Ingenieure die vielen unzähligen, biologischen Evolutionsformen der Konstruktionen begreifen würden, um daraus zu lernen und um besser (um vielleicht auch wirtschaftlicher) zu bauen«.[213]

Ein weiteres wichtiges Motiv bei der Entwicklung der Bionik in den 1960er Jahren war die Gelegenheit, die Technik zu nutzen, und die Möglichkeit, biologische Prinzipien in der Technik umzusetzen, um immer größere humanitäre Herausforderungen zu bewältigen. Diesbezüglich äußerte sich der Ingenieurwissenschaftler Otto Patzelt im Jahr 1972 folgendermaßen: »Der Vormarsch der Industrie, der Straßenbau, wie überhaupt das langsame Zubetonieren der Landwirtschaft vernichtet die Pflanzendecke und läßt in Industriegebieten den Sauerstoff knapp werden […] auch wenn wir die Photosynthese sicher in der Zukunft im industriellen Laboratorium beherrschen lernen werden, kann man mit P. Chouard sagen, ›daß beim gegenwärtigen Stand unserer Kenntnissen die Pflanzen die einzig Quelle sind, auf die wir vernünftigerweise rechnen können, um den Hunger in der Welt zu stillen‹, und wir können hinzufügen: auch den Bedarf an Sauerstoff und das Trinkwasser«.[214]

Das letzte Kapitel von Patzelts Buch widmet sich dem Thema der Nachhaltigkeit bei der technischen Produktion und der Umsetzung von biologischen Prinzipien. Was hier jedoch betont werden muss, ist das theoretische Dilemma, das diesen eben genannten Themen zugrunde liegt. Patzelt unterbreitete dafür einen konkreten Vorschlag. Er fragte, ob die Technik in irgendeiner Weise im Widerspruch zur Natur stand. Da, so argumentiert Patzelt, die Technik vom Menschen geschaffen wurde, um den Grenzen der Natur zu entkommen, scheint sie im Gegensatz zu den möglichen zukünftigen Bedürfnissen und Entwicklungen der Natur selbst zu stehen. Diesem möglichen Einwand entgegnet Patzelt jedoch, dass die Technik, zumindest in ihrer historischen Entwicklung, dem Menschen geholfen hat, im Gleichgewicht mit der Natur selbst zu leben. Er fügte hinzu: »Die ersten Waffen und Vorrichtungen halfen viele hunderttausend Jahre hindurch höchstens 10 Millionen Menschen zu leben. Jedem Menschen standen etwa 5 km² fruchtbares Land zur Verfügung; er bildete mit seiner Umgebung ein Gleichgewicht, das erst in den letzten hundert Jahren empfindlich gestört wurde«.[215]

Die verbreitete Meinung war demnach, dass seit Beginn des 20. Jahrhunderts die Technik dieses Gleichgewicht durch die Errichtung von Städten und Industrien, die eine Zunahme der Verschmutzung und dadurch eine Bedrohung der Natur evozierten, zerstört hatte. Patzelt reagierte auf dieses Ungleichgewicht, indem er eine neue und fundiertere Balance vorschlug. Nur wenn Technik biotechnisch wird, ist ein neues Gleichgewicht zwischen Natur und Technik möglich und schließlich zu erreichen. Dieses Gleichgewicht würde darauf abzielen, die Natur und die Umwelt zu schützen. Das Dilemma, das der Bionik in den 1960er Jahren zugrunde lag, war also die Frage, wie eine neue Balance zwischen Natur und Technik – immer als unterschiedliche und gegenteiligen Entitäten verstanden – möglich sein könnte.

5. LOST IN TRANSLATION: DIE BIOLOGISIERUNG DER TECHNIK IM 21. JAHRHUNDERT

Ab der zweiten Hälfte des 20. Jahrhunderts gab die von Francé, Thompson und anderen Wissenschaftlern des frühen 20. Jahrhunderts geförderte ingenieurwissenschaftliche Tendenz innerhalb der Biologie den Anstoß zu dem, was man als eine zweite und viel stärkere Welle der Biologisierung der Technik bezeichnen kann. Diese zweite Welle wurde durch mehrere bedeutende Ereignisse ausgelöst, darunter die Zusammenarbeit zwischen drei deutschen Wissenschaftlern – dem Paläontologen Adolf Seilacher (1925–2014), dem Architekten Frei Otto (1925–2015) und dem Biologen Johann-Gerhard Helmcke (1908–1993) – und dem nordamerikanischen Architekten Richard Buckminster Fuller (1895–1983); auch die vom britischen Biologen Carl Pantin (1899–1867) entwickelte Idee des organischen Designs prägte die Biologisierung der Technik stark mit. Beeinflusst von den biotechnischen Ideen von Buckminster Fuller warben Otto, Seilacher und Helmcke drei Sonderforschungsbereiche bei der DFG ein, die bis Mitte der 1980er Jahre die Formideen im deutschsprachigen Raum stark prägten.[216] Das intellektuelle Erbe dieser Zusammenarbeit liegt heute in den morphologisch orientierten Exzellenzclustern, die 2019 gegründet wurden. Hierzu zählen z. B. die Exzellenzcluster »Integrative Computational Design and Construction for Architecture« und »Matters of Activity«.

Carl Pantin prägte den Begriff des organischen Designs und wollte damit ausdrücken, dass die natürliche Auslese die gleiche Rolle wie der Ingenieur erfüllt, der eine Konstruktion erstellt. Pantin betonte folglich die Wichtigkeit einer Analyse der Strukturen von Materialien, die den allgemeineren Konstruktions- oder Verbundprinzipien entsprachen. Dies implizierte ein Kontinuum zwischen Organismen und Konstruktionen, welche bestimmten Konstruktionsprinzipien entsprechen müssen.

In diesem Kapitel möchte ich mich zuerst auf die Dynamiken einer ganz konkreten Begegnung konzentrieren, die zur Übertragung einer biologischen Methodologie, der Paläobiologie, auf die Architektur führte: den Morphospace. Indem der Austausch rekonstruiert wird, kann der Transfer von Praktiken und Daten zwischen den biologischen und technischen Disziplinen näher bestimmt und somit ein konkretes Beispiel dafür gegeben werden, wie eine Entgrenzung der Biologie und der Technik im 21. Jahrhundert stattgefunden hat. Explizit soll der Fokus in diesem Kapitel auf die Biologisierung der Technik und auf die Unterschiede zwischen diesem Ansatz und der Biotechnik des 20. Jahrhunderts gelegt werden.

In einem zweiten Schritt wird die Übertragbarkeit von Form- und Bewegungsdynamiken von kinetischen Strukturen aus dem Pflanzenreich auf die architektonischen Entwurfsmöglichkeiten und auf die Entwicklung der Bio-Robotik untersucht. Wie Simon Schleicher und Kollegen schreiben, »[beweist] der zunehmende Einsatz kinetischer Strukturen in unserer gebauten Umwelt [...], dass die Grenze zwischen Gebäude und Maschine bereits überschritten ist. Ein genauerer Blick auf die Art und Weise, wie Gebäude hergestellt, konstruiert und betrieben werden, zeigt, dass die heutigen Lebensräume eine beträchtliche Menge an beweglichen Teilen und hilfreichen Vorrichtungen aufweisen, die eine Vielzahl unterschiedlicher Aufgaben erfüllen«.[217]

Diese Analyse bahnt den Weg für umfassendere erkenntnistheoretische Reflexionen über die Dynamiken der Biologisierung der Technik des 21. Jahrhunderts sowie über die Unterschiede und Elemente von Kontinuität zwischen den biotechnischen Formen des 20. Jahrhunderts sowie des 21. Jahrhunderts.

Morphospace: die Visualisierung von theoretisch möglichen Formen

Zentral für die Untersuchung des konkreten Austauschs von Wissen und Praktiken zwischen den biologischen und technischen Untersuchungen von Formen ist der Begriff des Morphospaces. Dieser wurde von dem prominenten amerikanischen Paläontologen David Raup in den 1960er Jahren geprägt, um den Raum aller theoretisch möglichen Formen zu beschreiben, die nach bestimmten physikalischen, geometrischen und mathematischen Parametern erzeugt werden können. Zusammen mit den Paläontologen Stephan Jay Gould (1941–2002), Jack John Sepkoski (1949–1999) und anderen arbeitete er daran, die Paläontologie als eine echte biologische und nomothetische, also Gesetze aufstellende, Disziplin zu etablieren.[218]

In den 1960er Jahren beschäftigte sich Raup u. a. mit der Morphologie von Gastropoden. In seinen Studien nahm er D'Arcy Thompsons Ideen (siehe Kapitel 3) auf und entwickelte sie weiter. Er erklärte die Schalenbildung als das Ergebnis physikalischer und mathematischer Parameter. Genauer gesagt identifizierte er vier Kriterien für die Schalenbildung: 1) die Form der Erzeugungskurve, 2) die Ausdehnungsrate dieser Kurve, 3) das Ausmaß der Überlappung zwischen aufeinanderfolgenden Windungen und 4) die Position der Windung relativ zur Achse. Nacheinander setzte er einen »digitalen Computer mit automatischer Zeichenausrüstung […] ein, um grafische Rekonstruktionen einer Schale aus beliebigen Werten der vier Parameter zu erstellen«.[219] Dies führte zur Realisierung einer hypothetischen Schneckenform. Dieses Bild war visuell und technisch so aussagekräftig, dass es schließlich als Titelbild für die Zeitschrift »Science« (Band 147, Ausgabe 3663) gewählt wurde.

Drei Jahre später veröffentlichte Raup zusammen mit seinem Kollegen Arnold Michelson, einem Elektroingenieur an der Johns Hopkins University, einen weiteren einflussreichen Artikel. Mit Hilfe eines Analogrechners (PACE TR-10) und eines Oszilloskops erstellten sie Oszilloskop-Fotografien von Wickelkörpergeometrien. Diese präsentierten eine »graphische Konstruktion, [die] eine Möglichkeit [bietet], das gesamte Spektrum möglicher Schalenformen zu erforschen. Serien wie diese können als Format für die Analyse der funktionellen Bedeutung der Variation beim Wickeln verwendet werden.«[220]

Anschließend stellte Raup die wesentliche Methodik zur Durchführung weiterer Untersuchungen bezüglich der möglichen Schalenformen vor: den Einsatz von Morphospace. Diese digitale Visualisierung zeigte alle möglichen Formen, die sich theoretisch nach den zuvor identifizierten Parametern herstellen lassen.

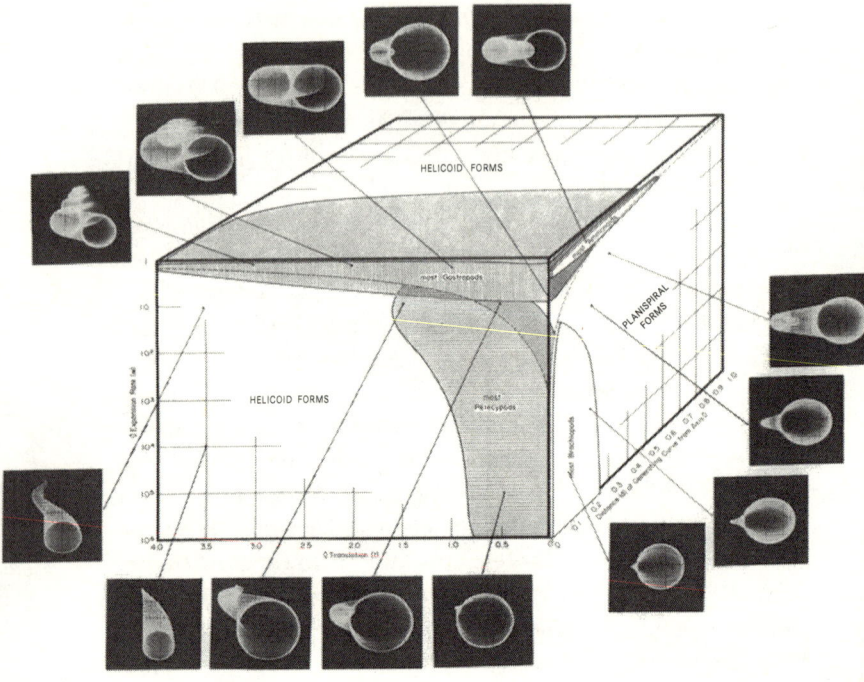

Abb. 2: Theoretische dreidimensionale Gastropoden-Morphospaces. Die in der Natur anzutreffenden Schneckenformen sind die im schwarzen Bereich. Raup 1962, 1184. Mit freundlicher Druckgenehmigung von SEPM.

Die Besonderheit eines Morphospaces war die Art und Weise, wie die Formen visualisiert wurden:

[Diese Formen] können kombiniert werden, um einen ›vierdimensionalen‹ Raum zu definieren, der die meisten der theoretisch möglichen Schalenformen enthält. Wenn die Geometrien natürlich vorkommender Arten in diesen Raum eingezeichnet werden, wird deutlich, dass er nicht gleichmäßig ausgefüllt ist. Die Evolution hat einige Regionen begünstigt, während andere im Wesentlichen leer bleiben. In den leeren Regionen haben wir es vermutlich mit Formen zu tun, die geometrisch möglich, aber biologisch unmöglich oder funktional ineffizient sind.[221]

Raups Untersuchungen aus den 1960er Jahren legten einen Schwerpunkt auf den Einsatz von Computern und Datenvisualisierungen, um die für die Morphogenese verantwortlichen Prinzipien zu verstehen und zu erforschen. Diese Methodik hatte einen bedeutenden Einfluss auf die Entwicklung der evolutionären Morphologie des 20. Jahrhunderts sowie auf das architektonische Design.

Architektonisches Morphospace

Einer der ersten Architekten, der die Raup-Methodik aufgriff, war der britische Architekt Philip Steadman in den frühen 2000er Jahren. In einer Reihe von Arbeiten, die er zusammen mit Linda J. Mitchell verfasste, implementierte er Raups Morphospace, um mögliche Baupläne zu kartieren und zu klassifizieren. Explizit war das Ziel seiner Untersuchung, »eine Klassifikation der gebauten Formen zu liefern, ihre Zusammenhänge systematisch zu verstehen und zu sehen, wie Gebäudetypen charakteristische ›morphologische Bahnen‹ durch diesen Formenraum verfolgt haben. Es ist ein Werkzeug, mit dem man sich der Geschichte der Architektur aus geometrischer Sicht für eine Klasse von rechteckigen Bauformen nähern kann«.[222] Um dieses Ziel zu erreichen, benutzte Steadman sowohl einen theoretischen Morphospace, d.h. einen Morphospace, der alle theoretisch möglichen Pläne abbildet, als auch einen empirischen Morphospace, d.h. eine Visualisierung aller de facto gebauten Gebäude. Nachdem er Raups Datenvisualisierung im Detail erklärt hatte, stellte Steadman seine eigene Methodik zur Umsetzung dieser Praxis in der Architektur vor.

Zunächst identifizierte er ein archetypisches Gebäude. Dieses bestand aus »Kellergeschossen, tiefgezogenen Stockwerken und Stockwerken, die durch ein rechteckiges Muster von Höfen unterbrochen waren«.[223] Das archetypische Gebäude kann dann in ein (x-, y-)Koordinatensystem gesetzt werden, wodurch eine Unterteilung zwischen »Höfe« und »Streifen« entsteht. Jedem Streifen kann nun der Wert 0 oder 1 gegeben werden, falls er entfernt oder ausgewählt werden muss, so dass »aus dem gesamten archetypischen Gebäude Stücke herausgeschnitten oder weggeschnitten werden«.[224]

Unter der Annahme, dass Beleuchtung und Belüftung natürliche Einschränkungen für den Entwurf möglicher Gebäude sind, kann der Architekt das (x-, y-)Koordinatensystem und die Methode der binären Kodierung verwenden, um mögliche Konstruktionskombinationen zu schaffen. Wenn man zum Beispiel einen Hof in ein (x-, y-)System setzt, können die Streifen entfernt oder beibehalten werden, wodurch verschiedene Formen entstehen, wie zum Beispiel eine seitlich beleuchtete L-förmige Form mit dem Code 0001101 0001101. Dasselbe Verfahren kann so auf einen Innenhof mit mehr als einem Hof angewendet werden, wodurch viel komplexere Formen erzeugt werden können. Diese wurden nach dem Binärcode aufgelistet, den man für ihre Gestaltung einsetzte. Danach wurden alle möglichen Konfigurationen in ein Diagramm eingezeichnet, um alle theoretisch möglichen und realisierbaren Formen zu visualisieren. Wie Steadman und Mitchell es beschreiben, »besteht die (ziemlich einfache) Idee zur Darstellung dieser möglichen Konfigurationen auf einer zweidimensionalen Ebene darin, ein (x-, y-)Koordinatensystem zu definieren und den x-String aus jedem Binärcode auf der x-Achse und den y-String auf der y-Achse zu zeichnen. Jede Konfiguration wird so auf einen eindeutigen (x-, y-)Ort abgebildet«.[225]

Die konstruierten Gebäude wurden schließlich in einen Morphospace eingefügt und nach ihren internen kombinatorischen Prinzipien analysiert. Zum Beispiel »ein Gebäudetyp, der in formalen Begriffen definiert ist, wobei die Pavillon-Krankenhäuser gezeigt haben, dass sie aus einem theoretischen Satz von Formen bestehen, von denen man sagen kann, dass sie den Typ veranschaulichen. Einige Mitglieder dieses Satzes wurden tatsächlich im neunzehnten Jahrhundert gebaut. Andere waren es nicht, hätten es aber sein können: und wenn sie es gewesen wären, hätten sie sich gleichermaßen als dem Pavillontypus zugehörig qualifiziert«.[226]

Mit der Einführung von Morphospace in die Architektur stellten Steadman und seine Kollegen »ein Mittel zur Verfügung, um die Formen vieler tatsächlicher Gebäude zu kartografieren, um ihre morphologischen Beziehungen zu verstehen und die evolutionären Bahnen der Gebäudetypen über die Zeit aufzuzeichnen. Es ist ein Werkzeug, [...] für eine quantitative, geometrische Annäherung an die Geschichte der Architektur«.[227]

Morphospace und Design

Das nächste Kapitel in der Geschichte des Morphospaces in der
Architektur war seine Verwendung nicht nur als Klassifizierungs-
werkzeug, sondern vielmehr als integrierter Teil des Formentwurfs
und der Herstellung. Dieser Schritt erfolgte durch die Forschungen des deutschen Architekten Achim Menges und seiner Kollegen
ab den 2010er Jahren. Der Grund für Steadmans Verwendung des
Morphospace war derselbe wie der für Raup: Er wollte damit das
Spektrum der möglichen Formen abbilden und erforschen. Darüber hinaus führte Menges diese Praxis ein, um mögliche Formen
zu präsentieren. Er betrachtete die Form als die Lösung der Natur für bestimmte technische Probleme. Tatsächlich konnte man
nach Francés Erkenntnissen die organische Form als Antwort der
Natur auf ein technisches Problem betrachten. Wie Raup gezeigt
hatte, konnte ein Morphospace dem Wissenschaftler helfen, alle
möglichen theoretischen Lösungen, die die Natur zur Lösung eines
Problems annehmen könnte, zu visualisieren und zu behandeln.
Darüber hinaus, und für einen Architekten von größerer Bedeutung, zeigte der Morphospace deutlich die Formen, die die Natur
de facto erzeugt (d. h. konstruiert) hatte. Daher konnten die methodischen Erkenntnisse von Raup genutzt werden, um eine Fülle von
gut angepassten und optimierten Formen zu visualisieren. Menges
wandte diese Argumentation auf den architektonischen Entwurf
an.

Um diesen Transfer zu verdeutlichen, werde ich den Entwurf
und die Konstruktion des temporären ICD/ITKE-Forschungs-
pavillons 2011 an der Universität Stuttgart als Fallstudie untersuchen. Die Idee hinter diesem Entwurf und seiner Realisierung war
es, mit der Anwendung einer Reihe von biologischen Praktiken und
Methoden in der Roboterfertigung und im rechnergestützten Ar-
chitekturentwurf zu experimentieren. Dies sollte nicht nur durch
direkte Anwendung biologischer Praktiken und Sprache erfolgen,
sondern auch durch die Anpassung eines starken biomimetischen
Prinzips. Nach diesem Prinzip sollte der Architekt die vielschich-
tigen Ähnlichkeiten und Unterschiede zwischen organischen und
architektonischen Formen berücksichtigen und alle Überschneidungen zwischen diesen Konstruktionssystemen aufzeigen. Bei der

Entwicklung organischer Formen war eine Unterscheidung zwischen der Struktur und dem Material eines Organismus unmöglich zu treffen; dennoch liegt diese bei jeder architektonischen Entscheidung vor. Tatsächlich lobte der Architekt in seinem Entwurf die Wahl eines Tragesystems. Dieses »basiert auf einem begrenzten Kanon von Optionen (z. B. Balken, Fachwerk, Wand, Platte, Bogen usw.), die in erster Linie durch Analyse sowie durch Konstruktionsmethoden klassifiziert werden. Solche Tragsysteme werden in sehr ähnlichen Formen realisiert, aber unter Verwendung verschiedener Materialien, die in der zweiten Phase ausgewählt werden (z. B. Stahl, Holz, Mauerwerk oder Beton usw.)«.[228]

Menges und Kollegen entschieden sich für den Entwurf eines Pavillons (Struktur) aus Holzplatten (Material). Der nächste Schritt war die Entscheidung, wie man das Material auf effiziente Weise verbinden konnte, um den Pavillon zu tragen. Um diese Frage zu beantworten, untersuchten sie speziell die Morphologie der Seeigel und die Plattenskelett-Morphologie des Sanddollars (*Clypeasteroida*). Dieser Organismus bestand aus »diskreten polygonalen Platten, die an ihren Rändern durch fingergelenkartige Kalzitvorsprünge verbunden sind«.[229] Diese Fingergelenkstruktur war notwendig, da sie die Verbindung der Platten ohne weitere äußere Elemente ermöglichte. Darüber hinaus »hat die Schale des Sanddollars Möglichkeiten entwickelt, die angeborene Schwäche der Fingergelenke in Bezug auf die Übertragung von Biegemomenten oder Zugkräften zu kompensieren. Sie hat Plattenmorphologien entwickelt, die nur durch Scherkräfte stabilisiert werden, die entlang der Plattenränder wirken, und damit die inhärente strukturelle Kapazität der Fingergelenke ausgenutzt«.[230]

Dies war ein perfektes Beispiel für Francés Vorstellung von Form und Biotechnik. In diesem Fall hatte die Natur eine eigentümliche Form hervorgebracht, den Sanddollar, der als perfekte Lösung für ein technisches Problem, nämlich die angeborene Schwäche der Keilzinkenverbindungen, angesehen werden konnte. Der Sanddollar wurde in der Folge als organische Referenz für den Entwurf von Strukturen verwendet, die sich über eine recht große Entfernung erstrecken können. Darüber hinaus war die zweite technische Lösung, die die Form des Sanddollars bot, seine Keilzinkenverbindungsstruktur. Seine Form überspannt effizient große Flächen mit minimalem Materialeinsatz und minimiert den enormen konstruktiven Aufwand, der normalerweise für solche unregelmäßigen Strukturen erforderlich ist. Die erste Übertragung biologischer Prinzipien in die architektonische Gestaltung kann daher als eine aktualisierte Version von Francés Begriff der biotechnischen Form verstanden werden. Oder wie Menges und Schwinn es ausdrückten:

> Im Gegensatz zur bloßen Übersetzung biomorpher Muster von der Biologie in die Architektur erfolgt der Wissenstransfer auf einer systemischen und performativen Ebene, durch das Erkennen von Mustern in der Art und Weise, wie Probleme in der Biologie und in den Ingenieurwissenschaften gelöst werden. Folglich wird die Biomimetik als eine Strategie für den architektonischen und strukturellen Entwurf gesehen. Ziel ist es, ein biologisch informiertes Materialsystem zu implementieren, das sich gleichermaßen auf Konstruktionsprinzipien in der Natur und auf solche in der Fabrikation stützt.[231]

Sobald sie ein besseres Verständnis für die Prinzipien der Natur hinter der Konstruktion von Sanddollarplatten hatten, wurde es möglich, sie für die architektonische Gestaltung und Fertigung zu nutzen. In diesem Fall fand ein zweiter Transfer statt. Die Methode des Morphospace wurde als Designwerkzeug implementiert. Menges bezog sich ausdrücklich auf Raups bahnbrechende paläontologischen Arbeiten aus den 1960er Jahren. In der Architektur erkannte Menges – wie Steadman unmittelbar vor ihm –, dass der Morphospace im Design eine ähnliche Funktion hatte wie in der Paläontologie: die Erforschung möglicher Formen.

Darüber hinaus, und das ist der zentralere Aspekt, konnte der Morphospace im Herstellungsprozess implementiert werden. Er kann »als Bezugsrahmen verwendet werden, der die theoretischen Möglichkeiten der Herstellungsparameter mit ihren tatsächlichen Ergebnissen in Beziehung setzt. Als solches wird ein spezifischer Morphospace durch seine Parameter definiert, die im Falle der Maschinen ihre »Werkzeuge, Materialien, Schnittstellen, Freiheitsgrade und so weiter sind. Folglich ist die Natur der verschiedenen Morphospaces eine Funktion ihrer Anfangsparameter«.[232]

Zunächst wurde ein theoretischer Morphospace aller theoretisch möglichen Plattenmorphologien konstruiert. Danach wurde dieser Raum durch das Hinzufügen einer weiteren Dimension eingeschränkt: die spezifischen Parameter, die sich auf den am Herstellungsprozess beteiligten Roboter beziehen. Als Ergebnis wurde ein maschineller Morphospace hergestellt (Abb. 3).

Basierend auf der technisch kontrollierten Morphogenese der im Morphospace vorgestellten Platten wurden mehr als 850 geometrisch einzigartige und robotergefertigte Platten mit mehr als 100.000 Platten hergestellt, um den Pavillon zusammenzusetzen (Abb. 4).

Mit dieser doppelten Übertragung von Praktiken und theoretischen Annahmen aus der Biologie in die Architektur stellten die Forschungen Menges' und seiner Kollegen einige wesentliche Merkmale der aktuellen, von der Natur inspirierten Designstrategien deutlich heraus. Erstens, wie es El Lissitzky formuliert hatte, bedeutet über Form zu sprechen, einen Punkt aus einem dynamischen Kontinuum zu abstrahieren. Die Form ist in der Tat nur ein Punkt in dem umfassenderen organischen, dynamischen und kontinuierlichen Prozess der Formgestaltung und -transformation.

Zweitens sind die Gesetze, die diesen Prozess steuern, dem Prozess selbst immanent. In Anlehnung an Goethe und die romantischen Naturforscher besteht die Aufgabe der Architekten wie auch der Biologen darin, diese immanente Gesetzmäßigkeit herauszuarbeiten. Die technische Form wird also von der entwerfenden Person weder geschaffen noch auferlegt, sondern sie kann sich wie in der Natur frei ausdrücken. Diese Aufgabe wurde vom deutschen Architekten Frei Otto als »Formfindungsprozess« in der Architektur bezeichnet.[233] Drittens sind nicht nur die Gesetze, die die Morphogenese regeln, der Formentwicklung selbst immanent, sondern ihre strukturelle Machbarkeit wird auch nicht mehr von außen aufgezwungen. In Menges morphologischer Forschung gibt es keine Kluft zwischen dem Entwurf eines Gebäudes und seiner Herstellung. Die Herstellung von Formen ermöglicht und determiniert zugleich die möglichen Formen, die entworfen werden können. Sie ist ein weiteres einschränkendes Element für seine Entwicklung und Realisierung. Außerdem lehnte Menges ein metaphysisches und typologisches Konzept der technischen Form ab. Er setzte die Formen, die dem Morphospace innewohnten, den Individuen innerhalb einer Bevölkerung gleich. Im Gegensatz zu

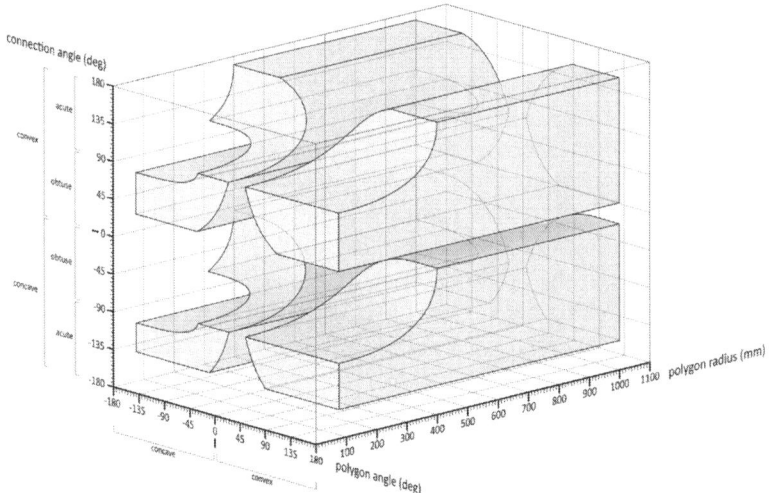

Abb. 3: Diese Abbildung zeigt den maschinellen Morphospace (blau), der von Menges entwickelt wurde, um herstellbare Formen zu entwerfen. In Weiß der theoretische Morphospace der Plattenmorphologien. Aus: Menges 2012.

Abb. 4: Der fertig errichtete ICD/ITKE-Forschungspavillon 2011. Aus: Menges 2012.

Steadman repräsentierte Menges' Idee von Morphospace individuelle Formvariation anstelle von Körperplänen.

Die Biomimetik bot einen breiteren erkenntnistheoretischen Rahmen für diesen komplexen Designbildungsprozess und die Interaktion. Menges betrachtete sie als ein praktisches Paradigma für die Arbeit mit Morphospace. Tatsächlich interpretieren er und seine Kollegen die Maschine Morphospace mit einer »top-down biomimetischen Methode«.[234] Dieses Verfahren beinhaltete »die Identifizierung eines technischen Problems«.[235] Die Biomimetik erlaubte es dem Wissenschaftler, die Produktion von Naturformen als die Überwindung eines technischen Problems zu sehen, und leitete den Wissenschaftler an, die Werke der Natur als technische Errungenschaften zu betrachten.

Von Biomimetics zur naturinspirierten Soft-Robotik

Bisher haben wir uns damit befasst, wie starre Formen, z. B. Schalen, in technische Artefakte- und Konstruktionsverfahren umgesetzt werden können. Sowohl die Beispiele von Francé als auch von Menges oder Steadman sind sehr eindrückliche Exempel für einen solchen Transfer.

Im Folgenden soll nun darauf eingegangen werden, wie *weiche* Mechanismen in die architektonische Konstruktion und in die Robotik transportiert werden können. Die Übertragbarkeit dieser Mechanismen geht von der Analyse von Pflanzen aus. Diese sind die perfekten Organismen, um die Prinzipien von Flexibilität und Beweglichkeit bei einer gleichwohl festen Verankerung im Boden zu untersuchen. Dazu kommt, dass, »wenn es um das Thema Bewegung geht«, so schreiben Schleicher und Kollegen, »[…] Pflanzen die Grenze zwischen Struktur, Material und Mechanismus [verwischen]«.[236]

Das Problem, das Knippers und Kollegen lösen wollten, war die Frage, ob es möglich ist, nicht-starre Mechanismen aufzubauen und damit gleichzeitig eine gewisse Beweglichkeit zu ermöglichen. Die Biege- und Faltmechanismen von Blättern und Blütenblättern bieten ein gutes Vorbild, um die für die Bewegung zuständigen Mechanismen zu identifizieren. Ein Beispiel dafür, wie nicht-starre

Bewegungsmechanismen transportiert werden können, bietet die Pflanze *Strelitzia reginae*. Diese Pflanze weist eine passive und nicht-autonome Bewegung auf, die durch die direkte Anwendung einer externen Kraft angetrieben wurde. Wenn ein Vogel auf dieser Struktur landet, um Nektar zu sammeln, bewirkt sein Gewicht, dass sich die Sitzstange nach unten biegt. Diese Verformung löst einen seitwärts gerichteten Schlag zweier dicker Blütenblattflügel aus. Dadurch werden die zuvor eingeschlossenen Staubblätter freigelegt und der Pollen wird auf die Füße des Vogels übertragen.

Nach einer physikalischen Modellierung des Bewegungssystems von *Strelitzia reginae* und deren Simulation durch Berechnungen konnten Knippers und Kollegen ein Material entwickeln, das sich infolge eines mechanischen Druckmechanismus bewegen kann. Dieses als Flectofin® bezeichnete Material hat den Vorteil, dass seine Anpassungsfähigkeit »auf elastischer Durchbiegung beruht. Der Vorteil des Ersetzens lokaler und empfindlicher Scharniere durch Scharniere mit elastischer Durchbiegung liegt in der Verschmelzung aller mechanischen Elemente innerhalb einer flexiblen Gesamtkomponente. Dadurch können voll funktionsfähige mechanische Systeme in einem einzigen Produktionsschritt ohne Montageaufwand gebaut werden«.[237] In diesem Fall haben also die biotechnische Untersuchung der Bewegung sowie die Produktion von Naturformen die Konstruktion und Herstellung eines Mechanismus ermöglicht, der keine starren Teile benötigt, um eine Bewegung auszulösen. Dies, wie wir in den Schlussfolgerungen des Buches sehen werden, erlaubt es uns, die bisher gelieferten Definitionen der Maschine zu überdenken, die klassisch als eine Kette von starren Mechanismen und Bauteilen verstanden wird.

Die Verschmelzung der technischen und biologischen Ebene nimmt im 21. Jahrhundert eine extreme Beschleunigung und Verbreitung an. Neben der Fortsetzung der Etablierung der Biomimetik als integrativer Disziplin zwischen Ingenieurwissenschaften und Biologie, die während des 20. Jahrhunderts (die Bionik wurde in den 1960er Jahren gegründet, vgl. Einleitung) von mehreren Wissenschaftlern und Wissenschaftlerinnen unterstützt wurde, entwickelte sich mit dem Fortschritt der Robotik ein neuer Ansatz zur Erforschung biologischer Formen: die von der Natur inspirierte Robotik. Definiert als »die Anwendung grundlegender biologischer

Prinzipien, die in technische Konstruktionsregeln umgesetzt werden, um einen Roboter zu schaffen, der wie ein natürliches System funktioniert«[238], stellt sie eine der zehn großen Herausforderungen für die Entwicklung der Roboterwissenschaft und der zeitgenössischen Gesellschaft dar. Die von der Natur inspirierte Robotik ist für die hier rekonstruierte Genealogie der Biologisierung der Technik von großer Bedeutung. Sie erweitert die Methodologie der Bionik des 20. Jahrhunderts, die in den vorangegangenen Kapiteln analysiert wurde.

Die zweite Fallstudie basiert ebenfalls auf der Möglichkeit der Bewegung, allerdings in einem komplexen und ›feindlichen‹ Umfeld. Unter den lebenden Organismen sind Pflanzen am effizientesten bei der Erkundung des Bodens. Die Besonderheit der Pflanzenbewegung in der Erde besteht darin, dass diese Bewegung durch das Hinzufügen von Zellen an der Wurzelspitze erzeugt wird. Aus diesem Grund weisen ihre Wurzeln wesentliche Merkmale auf, die genutzt und bei der Konstruktion künstlicher Systeme umgesetzt werden können. Ein Team von Wissenschaftler*innen hat dieses Wachstumsphänomen, das gleichzeitig Bewegung zulässt, untersucht und hat versucht, die Morphologie von Pflanzen und Wurzeln umzusetzen, um einen Roboter zu entwerfen, der sich im Boden genauso bewegen kann wie die Wurzeln von Pflanzen.[239]

Das Roboterdesign wurde durch die Entwicklung eines sogenannten Soft-Roboters, den PLANTOID, umgesetzt. Die Soft-Robotik »zielt darauf ab, Roboter für unvorhersehbare Bedürfnisse auszurüsten, indem sie sie mit Fähigkeiten ausstattet, die nicht auf Steuerungssystemen, sondern auf den Eigenschaften von Materialien und der Morphologie ihrer Körper basieren«.[240] In der Soft-Robotik werden Roboter daher so konstruiert, dass sie »ihre Morphologie und Physiologie kontinuierlich an die Variabilität ihrer Umgebung anpassen und dabei eine bemerkenswerte Plastizität zeigen, insbesondere bei der Suche nach Ressourcen«.[241]

Durch den Transfer des Prinzips der Bewegung und des Wachstums von Pflanzenwurzeln wird der PLANTOID gebaut. Es gelingt ihm, in den Boden einzudringen, indem er sich durch Zugabe des Materials an der Spitze seiner Form bewegt, genau wie es bei den Wurzeln der Pflanzen der Fall ist. Wie Barbara Mazzolai und ihr Team bemerken: »Diese Ablagerung produziert sowohl eine treibende Kraft an der Spitze als auch eine hohle röhrenförmige Struktur, die sich bis zur Bodenoberfläche erstreckt und fest im Boden verankert ist. Die Zugabe von Material im Bereich der Spitze erleichtert die Durchdringung des Bodens durch Wegfall der peripheren Reibung und reduziert damit den Energieverbrauch um bis zu 70% im Vergleich zur Durchdringung durch Eindrücken in den Boden von der Basis des Eindringsystems aus. Die röhrenförmige Struktur bietet einen Weg, um Materialien und Energie an die Spitze des Systems zu senden und Informationen für Erkundungsaufgaben zu sammeln.«[242]

Lost in Translation?

Welche sind die Elemente von Brüchen und Kontinuität der biomimetischen Ansätze des 21. Jahrhunderts im Vergleich zu denen der Bionik des 20. Jahrhunderts? Um diese Frage zu beantworten, sollte zunächst eine weitere Frage gestellt werden: Worauf beruht die Begegnung zwischen biologischen starren Formen (wie die Form von Seeigeln) oder beweglichen und dynamischen Formen (Pflanzenbewegung) und technischen Disziplinen (in diesem Fall Architektur und Robotik)? Die Antwort darauf lautet: auf einer Übersetzungsübung. Die Entgrenzung von diesen Wissensbereichen ist das Ergebnis einer Übersetzung von biologischen Formen und Prinzipien in technische Objektproduktion und Roboterentwicklung. Im Resultat dieser Forschungen begegnen sich das Technische und das Biologische. Bei diesem Übersetzungsprozess wird, wie bei jeder Übersetzung, bewusst etwas verändert, beiseitegelassen oder komplett umformuliert. Darüber hinaus kann es passieren, dass der/die Übersetzer*in sich in der Übersetzung von spezifischen und an sich kaum in eine andere Sprache übersetzbaren Termini verliert: Er oder sie ist damit »Lost in Translation«.

Um diese Übersetzungsverfahren und die Elemente von Fraktur und Kontinuität der Biomimetik des 21. Jahrhunderts zu thematisieren, helfen uns die theoretischen und methodologischen Reflexionen, die Manfred Drack und Kollegen in der führenden Zeitschrift *Bioinspiration & Biomimetics* publizierten. Die Autoren ziehen eine interessante und theoretisch fundierte Analogie zwischen der Methodologie des Maschinenbaus und der Bionik. Beide Disziplinen wenden ein stufenartiges Verfahren an, bei dem sie mit der Identifizierung einer Aufgabe bzw. eines Problems anfangen. Im Maschinenbau könnte diese Aufgabe das »Mahlen« von Getreide sein; in der Bionik »die Erreichbarkeit von Gegenständen unter schwierigen Umständen«[243], wie bei Mazzolais Forschung. Die zweite Stufe ist die Identifizierung einer Funktion, die diese Aufgabe erfüllen sollte. Im ersten Fall wäre dies das »Kupplungsdrehmoment«; beim zweiten die Verkoppelung von Beweglichkeit und Wachstum. In der dritten Stufe wird nach einem Wirkprinzip gesucht, das in der Lage ist, diese spezifische Funktion zu erfüllen. Wird dieses Wirkprinzip tatsächlich identifiziert, wird es schließlich konstruiert (4. Stufe). Schließlich wird das konstruierte Wirkprinzip in einem breiteren System umgesetzt, um zu überprüfen, inwiefern es tatsächlich funktioniert. Wenn die Aufgabe der Forschung das »Mahlen« von Getreide war, wird dann das fabrizierte Kupplungsdrehmoment in die Mechanik einer Windmühle eingesetzt; im zweiten Beispiel wird ein Roboter konstruiert, der die gestellte Aufgabe lösen sollte.

Drack und Kollegen stellen demnach fest, dass genau diese Parallelität die Methode der Bionik ausmacht. Allerdings betonten sie auch, dass diese Methode stark von Abstraktion, Flexibilität und Entscheidungen von Wissenschaftlern geprägt sei. Erstens wird der Organismus auf ein einziges Merkmal reduziert, und dieses wird dann ins technische Verfahren übertragen. Sie schreiben dazu: »Obwohl ein Organismus unzählige Merkmale umfasst (einschließlich ästhetischer – im Sinne des attraktiven Aussehens von etwas [...] – und solcher, die für Nachhaltigkeitsfragen relevant sein könnten, z. B. biologisch abbaubare Materialien), liegt der Schwerpunkt in der Biomimetik meist nur auf einem einzigen Merkmal, das in einem Teil der gesamten ›Konstruktion‹ verkörpert ist.«[244] Bei dem Übersetzungsprozess macht daher die Atomisierung[245] und Reduktion von Organismen die erste Entscheidung aus, die getroffen werden soll.

Zweitens wird bei der biomimetischen Wissensgenerierung die Funktion des Organismus sowie das in der biologischen Welt unterliegende Wirkprinzip in eine technische Sprache übertragen bzw. übersetzt. Diese Übersetzung ist nicht wörtlich. Die Konstruktion und das System, dem die biologische Welt unterliegt, können auch nicht, kommentierten Drack und Kollegen, in das technische Verfahren übertragen werden. Das von der Natur inspirierte technische System kann zudem aus anderen Materialien bestehen. Es soll nicht die Natur widerspiegeln, »die Aufgabe kann ebenfalls übertragen werden, dies ist jedoch nicht zwingend«. Beispielsweise sei »die Aufgabe von Velcro® an Schuhen oder Jacken [...] definitiv nicht die ›Samenausbreitung‹, so dass in diesem Beispiel ein biomimetischer Wissenstransfer stattfindet, der diese Aufgabe ausschließt«.[246]

Die von Drack und Kollegen vorgeschlagene Methode basiert auf der Methodik der Bionik, die im 20. Jahrhundert etabliert wurde. Unter diesem Gesichtspunkt gibt es also eine starke Kontinuität zwischen den Praktiken der Bionik im 20. und 21. Jahrhundert. Werner Nachtigall hatte bereits mit ähnlichen Begriffen für die Methode der Bionik geworben und beschrieb diese etwa mit den folgenden Arbeitsschritten: »(A) Erforschen der belebten Welt. Im Allgemeinen: Erkennen von Struktur-Funktions-Beziehungen bei bestimmten Arten von Tieren und Pflanzen. (B) Abstraktion allgemeiner Prinzipien aus den ›biologischen Originaldaten‹, die sich aus (A) ergeben haben. (C) Adäquate, der Technik angemessene Umsetzung allgemeiner Prinzipien nach (B) bis zur Realisation durch den konstruierenden Ingenieur.«[247] Dies wiederum beruht auf der Idee, dass die Biotechnik nicht die Natur kopiert, sondern optimierte biologische Formen durch abstrakte Verfahren in technische Systeme übersetzt (diese Theorie stellte Francé selbst auf, siehe zweites Kapitel).

Drittens – und dies ist die erste methodologische Neuheit der Biotechnik des 21. Jahrhunderts – sind nicht nur morphogenetische Prinzipien, Aufgaben und Funktionen von einem Gebiet zum anderen übersetzt worden, sondern es hat auch eine Übersetzung von Explorationstechnologien und -methoden stattgefunden. Die Technologie wird auf praktischer Ebene von einem Bereich zum anderen transferiert, wird von einem wesentlichen Element in der Naturforschung zu einem ebenso grundlegenden Element bei der Herstellung von Artefakten. Die erfolgreiche Übertragung von Morphospace aus dem Bereich des Naturstudiums in die Architektur ist ein emblematisches Beispiel dafür.

Abgesehen von den verschiedenen ethischen Ansätzen, die wir im letzten Kapitel untersuchen werden, besteht der Unterschied zwischen der Bionik des 19. Jahrhunderts und der des 20. Jahrhunderts nicht in der Art des Ansatzes und der Methodik, in der beide die Entgrenzung biologischer und technischer Bereiche bekennen, sondern in der Art und Weise und Übersetzung dieser Entgrenzung. Es ist nicht nur ein Transport von Prinzipien, sondern auch von den technologischen Möglichkeiten, wie wir diese untersuchen müssen (Morphospace). Mit anderen Worten handelt es sich nicht nur um eine Übersetzung der ontologischen Prinzipien (was sind Organismen, welche Funktion haben sie usw.), sondern auch und vor allem der technologischen Methoden, die zu ihrer Erforschung eingesetzt wurden.

Ein weiteres wichtiges Element wird bei diesem Übersetzungsverfahren nicht übertragen: Die Historizität der Natur selbst geht bei den Übersetzungen der organischen Morphogenese durch den Designer in einen technischen Prozess bewusst verloren. Eines der Merkmale der Evolution ist die ihr innewohnende historische Kontingenz. Optimale Anpassung gibt es in der Natur nicht. Aufgrund ökologischer Faktoren sowie des Zufalls kann sich eine Anpassung im Laufe der Zeit immer als unvollkommen erweisen. Wie Darwin es ausdrückte: »Die natürliche Auslese neigt nur dazu, jedes organische Wesen so perfekt oder etwas perfekter zu machen als die anderen Bewohner desselben Landes, mit denen es um seine Existenz kämpfen muss. [...] Die natürliche Auslese wird weder absolute Vollkommenheit hervorbringen, noch entsprechen wir, soweit wir das beurteilen können, immer diesem hohen Standard in der Natur.«[248] Die Natur ist unvollkommen, und Anpassung ist immer das Ergebnis einer Aushandlung verschiedener Elemente und Zwänge. Die Rolle von Geschichte und Kontingenz wird in der von der Natur inspirierten Entwurfsstrategie völlig ausgeklammert. Die Designer ließen sich von einem höchst kontingenten Prozess inspirieren und übersetzten ihn in die Bildung optimaler, aber völlig ahistorischer Formen. Damit übertrugen sie einen ingenieurwissenschaftlichen Ansatz auf die organische Form, bei dem die Optimalität der Form und nicht die Evolvierbarkeit der Form, d. h. die Fähigkeit, eine adaptive Evolution durch die Zeit zu erzeugen, in den Mittelpunkt gestellt wird. Dies ist die umfassendere Annahme, die hinter der Übersetzung und Übertragung von Formen und Prinzipien von der natürlichen in die technische Morphogenese steht: ein Verlust der der Natur innewohnenden Historizität. Wie El Lissitzky uns jedoch in Erinnerung rief, ist diese Definition von Form nur eine eingefrorene Momentaufnahme eines umfassenderen organischen Prozesses.

Im nächsten Kapitel werde ich deshalb das Verhältnis von Notwendigkeit und Kontingenz in Bezug auf die Formproduktion untersuchen und herausarbeiten, wie dieses Zusammenspiel funktionieren kann.

6. TECHNIK DER TIEFENZEIT

Wenn wir eine Ausstellung in einem Museum für Naturkunde besuchen, sind wir von der Schönheit der darin enthaltenen Exponate fasziniert. Diese Verzauberung verwandelt sich in Staunen, Bewunderung und Begeisterung, wenn wir durch die Räume zur Dinosaurierausstellung gelangen. Riesige, majestätische Skelette werden ausgestellt, um die Öffentlichkeit zu faszinieren und sie gleichzeitig über die Vergangenheit der Erdgeschichte zu informieren. In dieser Zeit, Millionen von Jahren von unserem Hier und Jetzt entfernt, war die Erde von merkwürdigen Kreaturen bevölkert: sowohl riesige und mächtige als auch winzige und kaum wahrnehmbare. In diesem Kapitel wird ein weiteres Element der Auflösung der Grenzen zwischen Biologie und Technik analysiert, nämlich der Auflösung der Grenzen zwischen der Naturgeschichte, hier vertreten durch die Paläontologie, und der Technik. Es soll gezeigt werden, dass die Technik eine entscheidende Rolle bei der Aufstellung möglicher paläontologischer Erklärungen und bei der Visualisierung und Arbeit mit den fossilisierten Formen von ausgestorbenen Organismen spielt. Die These, die ich vorstellen werde, ist, dass der Paläontologe mit den Daten arbeitet, die von der Naturgeschichte der Erde produziert werden, d.h. mit Fossilien. Bei der Untersuchung dieser Daten werden jedoch verschiedene technologische Ansätze vermischt.

Die paläontologischen Daten werden also zu einer Begegnung dessen, was durch die Geschichte der Erde tatsächlich gegeben ist und was nur durch verschiedene Technologien visualisiert und manipuliert werden kann. Mit anderen Worten: Was aus der geologischen Zeit hervorgehen kann, ist ein Spiegelbild der Hand des Paläontologen, der mit technologischen Werkzeugen arbeitet, um in den Daten der Erdvergangenheit Ordnung zu schaffen. Die in einem Naturkundemuseum ausgestellten Formen sind daher ohne die technische Arbeit an ihnen nicht möglich. Die Bewunderung und Verzauberung, die wir empfinden, wenn wir sie sehen, ist das Ergebnis der Auflösung der Grenzen zwischen Biologie und Technologie. Um diese Auflösung zu verstehen, werde ich zunächst die Strukturen und Merkmale von Fossilien untersuchen.

Fossilien

Äußerlich betrachtet handelt es sich bei Fossilien um in Gesteinsschichten eingeschlossene materielle Objekte, die z. B. in einem Naturkundemuseum bewundert werden können. Es handelt sich genauer gesagt um einen versteinerten Organismus, der als solcher wunderbare Einblicke in die biologischen Merkmale der geologischen Vergangenheit der Erde gewährt. Fossilien wurden aber nicht immer schon in Zusammenhang mit der Biologie gebracht. Vielmehr bedurfte es eines langen praktischen und wissenschaftlichen Aufwands, um ein in einem Gestein eingeschlossenes materielles Objekt als eine biologisch relevante Einheit wahrzunehmen. Ich werde mich allerdings nicht auf diese historische Entwicklung konzentrieren, sondern vielmehr darauf, wie es möglich war, dass ein materielles Objekt als wertvolles Datum für paläontologische Untersuchungen dienen konnte. Eine Bemerkung muss jedoch vorweggenommen werden: Der Fossilienbestand ist immer unvollkommen und unvollständig. Es ist äußerst selten, ein gut erhaltenes Fossil zu finden, das unmittelbar verwendet werden kann. Tatsächlich ist der Organismus sogenannten ›taphonomischen‹ Prozessen unterworfen. Beispielsweise findet man nur vereinzelt Fossilien, bei denen weiche Teile erhalten sind, wobei selbst die harten Teile meistens unvollständig sind. Daher beschäftigen sich Paläontolog:innen in den meisten Fällen mit unvollständigen und unvollkommenen Daten: Im Normalfall ist nur ein kleiner Teil des ursprünglichen Organismus versteinert und erhalten. Wie Charles Darwin im neunten Kapitel seines Buches *Origin of Species* (dt.: *Entstehung von Arten*) schreibt, sind Fossilien extrem unvollkommene Entitäten:

> Ich betrachte … den Natürlichen Schöpfungs-Bericht als eine Geschichte der Erde, unvollständig erhalten und in wechselnden Dialekten geschrieben wovon aber nur der letzte bloss auf einige Theile der Erd-Oberfläche sich beziehende Band bis auf uns gekommen

ist. Doch auch von diesem Bande ist nun hier und da ein kurzes Kapitel erhalten , und von jeder Seite sind nur da und dort einige Zeilen übrig.[249]

Fossilien sind einem Prozess der Zerstörung von Informationen unterworfen, der umgekehrt proportional zu der Dicke des Gesteins über ihnen ist. Nur 5% des Lebens ist versteinert worden. Wie der Paläontologe David Raup hervorhebt: »In den Rohdaten [der Paläontologie] existieren systematische Verzerrungen.«[250] Die Hauptkonsequenz ist, dass eine direkte und »wortwörtliche« Interpretation dieser Daten irreführend ist. Der Paläontologe Michael J. Benton behauptet, dass »in einer idealen Welt der beste Ansatz zur Feststellung des Musters der Diversifizierung des Lebens darin bestünde, Daten aus einem umfassenden Fossilienbestand zu sammeln und das empirische Muster, wie es durch die Fossilien dokumentiert ist, abzulesen«.[251] Die Welt ist jedoch nicht ideal, und dieser Ansatz bringt viele Interpretationsprobleme mit sich, nicht zuletzt über die Qualität des Fossilienbestandes.

Neben der Arbeit mit unvollkommen und unvollständigen Daten haben Paläontologen mit einer weiteren Schwierigkeit zu kämpfen, nämlich mit dem sogenannten Über- und Unterbestimmungsproblem. Wie die Wissenschaftsphilosophin Carol E. Cleland aufzeigt, sind die Geschichtswissenschaften, wie etwa die Paläontologie, der Asymmetrie der Überbestimmung unterworfen.[252] Sie befinden sich im gleichen Zustand wie der Untersuchende, der versucht zu rekonstruieren, was genau, ausgehend von den Spuren auf dem Boden, ein Fenster zerbrochen hat. Nehmen wir zum Beispiel an, dass zwei verschiedene Personen zur gleichen Zeit Baseball-Bälle auf dasselbe Fenster werfen. In diesem Fall ist das Zerbrechen des Fensters überbestimmt. Cleland weist darauf hin, dass das Zerbrechen des Fensters durch zahlreiche Glasscherben, die auf dem Küchenboden liegen, überbestimmt ist. Diese Überbestimmung früherer Tatsachen durch spätere Spuren tritt immer dann auf, wenn ein Fenster zerbricht, genauso wenn etwas, wie beispielsweise ein Massenaussterben, in der geologischen Zeit passiert ist.

Nun, nehmen wir weiter an, der Hausbesitzer fegt die Scherben auf, wirft den Baseball in den Mülleimer und repariert schließlich das Fenster. Einige Wochen später sind als einzige Spuren des Ereignisses ein paar Glasscherben unter dem Kühlschrank übriggeblieben. Die Hausreinigung und die Reparatur sind Beispiele für das, was der Philosoph Eliott Sober informationszerstörende Prozesse nennt.[253]

Betrachten wir die epistemische Situation des historischen Forschers, wie der des Paläontologen oder der Paläontologin, der die Glasscherben unter dem Kühlschrank findet. Diese Person mag begreifen, dass es sich um eine Art von Spur handelt, ohne eine Ahnung zu haben, wovon sie herrührt: Sind die Scherben, mag diese Person sich fragen, die Überreste eines zerbrochenen Fensters, eines zerbrochenen Weinglases oder eines zerbrochenen Bilderrahmens? Selbst wenn die forschende Person die Spuren als das erkennt, was sie sind, werden konkurrierende Hypothesen über frühere Ereignisse und Prozesse durch die vorhandenen Spuren oft unterbestimmt. Nachdem er/sie die Scherben unter dem Kühlschrank untersucht hat, wird diese Person völlig verwirrt sein: Die Beweislage erlaubt es überhaupt nicht, zwischen unvereinbaren gegensätzlichen Hypothesen zu unterscheiden (Fenster vs. Weinglas, Fußball vs. Baseball etc.). Da der/die Ermittler:in zudem weiß, dass normalerweise aufgeräumt wird, wenn Dinge wie Fenster und Weingläser zerbrechen, hat diese Person guten Grund zu der Annahme, dass sie niemals Spuren finden würde, die es ihm/ihr ermöglichen, zwischen den konkurrierenden Hypothesen zu unterscheiden. Sie ist, mit anderen Worten, mit einem »lokalen Unterbestimmungsproblem« konfrontiert.[254]

Das vorliegende Ereignis (ein zerbrochenes Fenster oder in der Paläobiologie ein Massenaussterben) über- oder unterbestimmt also seine möglichen Ursachen. Wenn wir das Band der geologischen Zeit abspielen, können wir nicht sicher sein, die richtige Abfolge von Ursache und Wirkung zu erkennen, da es viele mögliche Kausalketten geben kann.

Daher sind erstens die Fossilien immer unvollkommen und unvollständig, und zweitens können wir nicht sagen, ob unsere unvollkommenen und unvollständigen Daten die Phänomene, die wir untersuchen möchten (z. B. den Fensterbruch oder das Massenaussterben), überbestimmen oder untergraben. Paradoxerweise sind wir nicht einmal in der Lage zu sagen, ob das, was wir rekonstruiert haben, auch wirklich so gewesen ist, wie wir es rekonstruiert haben.

Darüber hinaus weisen die paläontologischen Daten eine ontologische Besonderheit auf: Die zeitliche Dimension, die in ihrer Struktur involviert ist, ist so groß, dass in dieser Dimension der menschliche Geist seinen Weg zur Rationalität zu verlieren scheint.[255] Die geologische Zeit wurde Tiefenzeit genannt, weil sie enorm ist und sich in Größenordnungen aufbaut, die noch kein Geist erdacht hatte.[256] Diese ungeheure Zeitmenge zerstört die Beweise für Ereignisse, die sich in der fernen Vergangenheit ereignet haben. Infolgedessen ist das, was in der Vergangenheit geschehen ist, durch seine Daten unterbestimmt, und folglich sind paläontologische Daten immer unvollkommen und unvollständig. Darüber hinaus sind die Wissenschaftler bei der Suche nach wertvollen Methoden gefordert, mit der Tiefenzeit umzugehen, ohne den erkenntnistheoretischen Weg zu verlassen. Das bedeutet, dass repräsentative Werkzeuge und Instrumente geschaffen wurden, um einen verlässlichen Grad an Wissen innerhalb der Tiefenzeit zu erhalten. Mit anderen Worten: Paläontolog:innen haben Jahrhunderte lang darum gekämpft, etwas Unsichtbares sichtbar zu machen, indem sie unvollständige und unvollkommene Daten auswerteten. Sie entwickelten Darstellungstechniken, um ihre Daten zu verwalten, zu formen und zu konstituieren, um die unsichtbaren Phänomene der geologischen Zeit zu retten. Die Wissensansprüche der Paläontologie können somit durch Beantwortung zweier einfacher Fragen analysiert werden: Wie ist es möglich, die enorme zeitliche Dimension der Tiefenzeit zu überwinden? Wie können Paläontologen unter diesen Prämissen Muster und Mechanismen herausarbeiten, die die Evolutionstheorie erweitern?

Technik und paläontologische Rekonstruktion

Das Hauptproblem von Paläontolog:innen sowie von Privatsammler:innen ist es, dass sie tatsächlich versuchen können, mit Spitzhacke, Hammer und Meißel die versteinerten Stücke aus dem Gestein auszugraben oder mit allen nötigen technischen Vorbereitungen und gegebenenfalls mit Sprengungen die Stücke aus dem Gestein zu lösen. Allerdings werden sie zum selben Ergebnis kommen: »Man wird selten die Fossilien in dieser Weise vollständig und unzerbrochen gewinnen können.«[257]

Um die notwendige Rolle der Nutzung von verschiedenen Technologien bei paläontologischen Untersuchungen zu erforschen, werde ich nun auf zwei klassische Beispiele eingehen. In den folgenden Abschnitten werde ich die Beherrschung der Historizität der Evolution durch Computersimulationen sowie die sogenannte virtuelle Paläontologie untersuchen. In nun folgenden Abschnitt gehe ich jedoch zunächst weiter darauf ein, womit ich in diesem Kapitel begonnen habe: die Entdeckung, Ausgrabung, Neuzusammensetzung und schließlich der Auf- und Ausstellung ausgestorbener Dinosaurier. Die wissenschaftliche Expedition, auf die ich mich konzentrieren möchte, ist die so genannte Tendaguru-Expedition. Die wichtigsten Schritte dieser Expedition habe ich bereits an anderer Stelle analysiert[258], jedoch sollen nachfolgend weitere zentrale Punkte erörtert werden.

Während der Tendaguru-Expedition (1909–1913) hat das Berliner Museum für Naturkunde im ehemaligen Deutsch-Ostafrika mehr als 225 Tonnen Fossilien ausgegraben und nach Berlin transportiert. Darunter befanden sich die Knochen des *Brachiosaurus brancai*, der später der größte errichtete Dinosaurier der Welt werden sollte und der die Dinosaurier-Ausstellungshalle in Berlin bis heute beherrscht.

Die bildliche Darstellung durch Zeichnungen oder anderen sogenannte Papiertechniken sind von zentraler Bedeutung, um den unvollständigen und unvollkommenen Grabungsfunden einen Sinn zu geben. Sobald das Fossil mit einfachen Mitteln wie Stift und Papier dargestellt ist und die gezeichneten Figuren ausgeschnitten und zusammengeklebt werden, um ein einheitliches und kohärentes Bild des fossilisierten Fundes darzustellen, beginnt eine Reihe grundlegender Maßnahmen zur Visualisierung des Fundes. Obwohl Abbildungen eine zentrale Rolle bei den ersten Schritten in der Visualisierung- und Authentifizierungsstrategie der Tiefenzeit spielen, sind sie nicht ausreichend: weder um einen komplexen ausgestorbenen Organismus in einem musealen Kontext auszustellen noch um ihn in Lehrbüchern oder Fachaufsätzen als kohärentes wissenschaftliches Szenario der Tiefenzeit zu präsentieren. Anders gesagt, obwohl die Abbildungen von Fossilien dem sozusagen möglichen semantischen Raum der Tiefenzeit dienen, fehlt noch eine Syntaktik, die die Abbildungen zusammenbringt. Eine andere Art von Wissen und Medium trägt zu dieser Umsetzung bei: das bürokratische Wissen und dessen Technologien. Diese kann wiederum nur analytisch von den im Feld gezeichneten Abbildungen der Fossilien getrennt werden.

Der Wissenstransfer zwischen Bürokratie und Naturgeschichte fand kontinuierlich im Laufe des 18. und 19. Jahrhunderts statt.[259] Paläontologen benutzen beispielsweise Tabellen und quantitative Praktiken, die in der Bürokratie eine bereits etablierte Funktion hatten, um damit die Geschichte der Natur zu rekonstruieren; den gleichen Wissenstransfer kennzeichnete die naturgeschichtliche Arbeit im Feld. Dieselbe bürokratische Arbeit ist demnach zentral in der Paläontologie und ermöglicht durch ein ständiges Zurückgreifen auf Abbildungen die Präsentation von Organismen in Museen und Lehrbüchern: Wenn die Bilder den semantischen Raum der Phänomene der Tiefenzeit bieten, bestimmen allerdings die in den Tabellen, Listen und in der Buchführungen zugeordneten Metadaten die Syntaktik dieser Semantik.

Der Ausgangspunkt dieser Praxis ist die Identifizierung der Erdschichten als natürliches Archiv.[260] In diesem natürlichen Archiv werden die Objekte mit den wichtigen Angaben zu ihrem Stand erhalten. Z.B. kann der Paläontologe/die Paläontologin in einer Erdschicht die zeitlichen und umweltlichen Merkmale, die die Unterschiede und Ähnlichkeiten zwischen verschiedenen Fossiliengruppen ausmachen, direkt ablesen. Wie ein guter Archivar oder Staatsbeamter zeichnet daher der Paläontologe/die Paläontologin genau auf, was in den Erdschichten erhalten ist, und archiviert diese Auskünfte ordentlich in Medien wie Tabellen und Listen. Das Ergebnis dieser Praxis ist es, dass die Fossilien als Dokumente identifiziert werden[261]: »*Versteinerungen sind* keine Briefmarken oder Raritäten, sondern es sind gewissermassen *Dokumente aus längst vergangenen Perioden unserer Erde.*«[262]

Diese seit dem 18. Jahrhundert praktizierte Methode wurde während des 19. Jahrhunderts einer Institutionalisierung unterworfen,[263] die ihren Höhepunkt bei den paläontologischen Expeditionen Mitte des 19. und Anfang des 20. Jahrhunderts erreichte.

Wie in verschiedenen Leitfäden und Lehrbüchern zu lesen war, soll man sich »[auf] Reisen oder beim Sammeln in verschiedenen Horizonten auch daran gewöhnen, gewissenhaft jedem Fundstuck eine *Etikette* mit dem Vermerk über den Fundort und den geologischen Horizont beizugeben«.[264] Etiketten sind daher der erste Schritt in Richtung einer Feststellung der Grammatik, in der die visuelle Kultur der Paläontologie erscheinen kann. Dieser Praxis folgend wurde auch die Tendaguru-Expedition durchgeführt.

Bei der ersten Klassifizierung war es sehr wichtig, dass jedes Stück mit einem Etikett versehen war, auf denen sorgfältig notiert wurde, »welche Bruchstücke oder Organreste zu einem Individuum oder Teilen [...] zusammengehören«, außerdem waren »Fundschicht (Gesteinsart und -lagerung) und Ort (Höhenlage) genau zu verzeichnen«.[265] Bei diesem Prozess war die Auswahl von Metadaten entscheidend. Diese ermöglichten die Übertragung von Dokumenten der vergangenen Perioden unserer Erde von ihrem natürlichen Archiv, d. h. von den Erdschichten, zu einer de-kontextualisierten Umwelt wie der des Labors. Bei diesem Übergang ist von großer Bedeutung, dass die im Erdarchiv erhaltenen Informationen, z. B. die geologischen, stratigraphischen, taphonomomischen, morphologischen usw. Angaben, nicht verloren gehen. Sie müssen mit Bedacht aufbewahrt werden. Ansonsten wäre es nicht mehr möglich, ein Ensemble von fossilisierten Knochen, die aus verschiedenen Exemplaren, Arten und Familien sowie geologischen Schichten kommen, zusammenzubringen. Es wäre, als ob, um eine Metapher zu benutzen, verschiedene Puzzles nach dem Wegwerfen ihrer Schachteln gemischt wurden und nun die Aufgabe darin bestünde, diese wieder richtig zusammenzusetzen. Paläontologen müssen daher vorsichtig und mit großer Sorgfalt die korrekten Metadaten aussuchen und die Fossilien klassifizieren und etikettieren.

Außer einer korrekten Etikettierung der ausgegrabenen Fossilien und einer treffenden Auswahl der Metadaten »sind Tagebuchaufzeichnung nötig zur Erklärung der natürlich kurzen Notizen und über die Fundumstände«.[266] In Tagebüchern dokumentieren die Paläontolog:innen, was an den jeweiligen Fundorten ausgegraben wurde, damit das Archiv der Erde vollständig bewahrt und transkribiert werden kann.[267] Darüber hinaus soll in den Tagebüchern, die bei der Tendaguru-Expedition einer Buchführung ähnelten, klar und deutlich festgestellt werden, »welche Bruchstücke oder Teile zusammengehören. Das Zeichnen von Skizzen oder photographische Aufnahmen mit Nummerierung der Teile sollte dabei nicht unterlassen werden.«[268]

Papiertechnologien und Wissen aus bürokratischen Disziplinen sowie biologische Hintergrundtheorien sind daher unerlässlich, um Dinosaurierskelette zu erkennen, darzustellen und möglicherweise in einem Museumskontext zu präsentieren.

Die Historizität der Evolution

Der zweite Bereich, in dem die verwendete Technologie in keiner Weise vom Gegenstand des paläontologischen Wissens trennbar ist, ist dadurch gegeben, dass er sich in einem der charakteristischen Themen der Paläontologie als einer evolutionären Disziplin befindet: der Untersuchung von Mustern und evolutionären Prozessen in geologischer Zeit. In der geologischen Zeit dominiert, wie in anderen historischen Bereichen, die Kontingenz. Es ist in der Tat Zufall, dass nur einige Organismen versteinert wurden. Es ist auch Zufall, dass diese gefunden und klassifiziert wurden. Und vielleicht ist es auch ein Zufall, dass versteinerte Organismen ausgestorben sind – zum Beispiel durch ein Massenaussterben. Einer der ersten Biologen, der das Kontingenz-Problem bei einer Untersuchung der durch die geologische Zeit nachweisbaren evolutionären Vergangenheit hervorhob, war der Evolutionsbiologe Stephen Jay Gould (1941–2002). In seiner Studie über die Explosion des Lebens während des Kambriums, einer Periode der Erdgeschichte von vor 541 bis 485,4 Millionen Jahren, in der fast alle heutigen Tierstämme in einer im Vergleich zur tiefen geologischen Zeit relativ ›kurzen‹ Zeitspanne aufgetreten sind, entwickelte Gould ein hypothetisches Experiment, das die Rolle von Notwendigkeit und Kontingenz in diesem und anderen evolutionären Prozessen vollständig erfasst. Er schlug vor, das sogenannte Lebensband zu reproduzieren, auf dem alle Ereignisse vom Urknall bis zum heutigen Tag aufgezeichnet sind. Gould merkt in seiner Studie ausdrücklich an:

Sie sorgen dafür, daß alles, was wirklich geschehen ist, gründlich gelöscht wird, drücken dann auf die Rückspultaste und gehen zu irgendeinem Zeitpunkt und zu irgendeinem Ort in der Vergangenheit zurück – sagen wir, zu den Meeren des Burgess Shale. Nun lassen Sie das Band noch einmal ablaufen und prüfen, ob die Wiederholung überhaupt etwas mit dem Original zu tun hat. Wenn die Wiederholung in allen Fällen eine starke Ähnlichkeit mit dem tatsächlichen Gang des Lebens aufweist, kommen wir nicht an dem Schluß vorbei, daß das, was tatsächlich geschehen ist, auch in etwa so eintreten mußte. Doch angenommen, die einzelnen Versuche erbrächten allesamt vernünftige Resultate, die sich von der tatsächlichen Geschichte des Lebens deutlich abheben. Wie stünde es dann um die Vorhersagbarkeit von selbstbewußter Intelligenz oder von Säugetieren oder Wirbeltieren, von Landlebewesen oder auch nur von vielzelligem Leben, das 600 Millionen schwierige Jahre durchgehalten wird?[269]

Wenn die Ereignisse, die sich aus der Wiederholung des Lebensbandes ergeben, gemeinsame oder ähnliche Merkmale mit den in Fossilien abgedruckten hatten, dann können Paläontologen berechtigterweise davon ausgehen, dass der Prozess der natürlichen Selektion notwendigerweise stattgefunden hat. Wenn jedoch der Film, durch Zurückspulen und Projektion des Lebensfilms, grundlegend anders ist, dann hat die Kontingenz die evolutionären Prozesse wesentlich beeinflusst. Darüber hinaus stellt Gould fest:

Angenommen, zehn von 100 Entwürfen überleben und diversifizieren sich. Falls man die zehn Überlebenden vorhersehen kann, weil sie eine überlegene Anatomie aufweisen (Interpretation I), dann werden sie jedes Mal gewinnen – und die Burgess-Ausmerzung stellt unsere tröstliche Auffassung vom Leben nicht in Frage. Falls aber die zehn Überlebenden Günstlinge der Fortuna oder glückliche Nutznießer von sonderbaren historischen Kontingenzen sind (Interpretation II), werden bei jedem erneuten Abspielen des Bandes andere Überlebende und eine radikal andere Geschichte herauskommen.[270]

Die zweite Alternative ist (erkenntnistheoretisch) die gefährlichste und daher abzulehnen. Tatsächlich beruhen in diesem Szenario die Ereignisse, die sich in der Tiefenzeit entwickelt haben, intern auf dem Glück der einzelnen Organismen. Die Entwicklung der letzteren ist voll und ganz mit der einer Lotterie vergleichbar. Man kann die Wissenschaft des möglichen Lotteriegewinns nicht auf die gleiche Weise betreiben wie die evolutionäre Wissenschaft der völlig kontingenten Singularitäten, von denen uns nur unvollkommene und unvollständige Daten (die Fossilien) vorliegen. Gould nimmt es daher auf sich, einen dritten und erkenntnistheoretisch bedeutsameren Ausweg zu finden:

Die Vielfalt der möglichen Abläufe [beweist], daß man zu Beginn nicht vorhersagen kann, was schließlich daraus entsteht. Obwohl jeder einzelne Schritt begründet ist, läßt sich doch zu Beginn kein Ende angeben, und kein Schritt wird ein zweites Mal genauso erfolgen, weil jeder Pfad Tausende von unwahrscheinlichen Etappen durchläuft. Es genügt, daß irgendein Vorgang zu Beginn ganz geringfügig verändert wird, ohne daß das zu diesem Zeitpunkt bedeutsam erschiene, und schon schlägt die Evolution einen völlig anderen Weg ein.[271]

Gould spricht sich daher für eine erkenntnistheoretisch sehr starke Schlussfolgerung aus. Er glaubt Folgendes: »Diese dritte Alternative stellt weder mehr noch weniger als das Wesen der Geschichte dar. Sein Name ist Kontingenz, und Kontingenz ist eine Sache für sich, nicht eine Mischung aus Determinismus und Zufall.«[272] Mit dieser Schlussfolgerung wollte Gould einen spezifischen epistemischen Raum für die Paläontologie zeichnen. Wenn das Wesen der Geschichte die Kontingenz ist und der Ursprung und die Entwicklung von Arten ein historischer Prozess, dann muss die Paläontologie als eine wichtige und wesentliche biologische Wissenschaft betrachtet werden. Das Phänomen der Anpassung ist ein historischer Prozess. Sogar evolutionäre Mechanismen sind in der Tiefenzeit entstanden. Eine Wissenschaft dieser Dimension, die mit dem bloßen menschlichen Auge kaum erkennbar ist, ist demnach erforderlich.[273]

Wenn dies nun die Probleme sind, mit denen der Paläontologe/die Paläontologin zu rechnen hat, wie ist er/sie dann dazu in der Lage, in den Folgen wesentlicher Ereignisse der Erdgeschichte, wie etwa der Explosion des Lebens im Kambrium oder einer Massenausrottung, einen Sinn zu erkennen? Wie sind die Biologen in der

Lage, trotz des laut Gould hoch-kontingenten Status der Evolution mögliche Mechanismen hervorzubringen?

Durch ein technisches Verfahren kann die Historizität der Evolution untersucht, eingeschränkt und schließlich beherrscht werden. Ein technisches Verfahren bietet eine solide Plattform, von der aus Aussagen über die geologische Vergangenheit getroffen werden können. Beispielsweise testete, simulierte und modellierte Gould zusammen mit seinen Kollegen David Raup und Jack Sepkoski in den 1970er Jahren den Verlauf der Evolution in der Tiefenzeit nach seiner grundlegenden Kontingenz.[274] Was Gould damit meinte, war die Notwendigkeit, die Mechanismen der Evolutionskontrolle auch als ein erkenntnistheoretisches und technisches Problem zu betrachten: Die Historizität der Evolution kann nur durch ein technisches Verfahren begrenzt werden. In dem von diesen Paläontologen entwickelten sogenannten MBL-Modell simuliert das Computerprogramm den möglichen Verlauf einer spezifischen Abstammungslinie unter bestimmten Bedingungen. Sie kann gezielt aussterben oder sich weiterentwickeln – mit oder ohne Artenbildung.[275] Wie der Biologiehistoriker David Sepkoski bemerkt, war dieses Modell »eine Anwendung eines Randomisierungsprozesses, der als Monte-Carlo-Simulation bekannt ist. Der Computer wurde dazu verwendet, Zahlen nach dem Zufallsprinzip zu extrahieren, um Ergebnisse mit vorgegebenen Möglichkeiten zu ermitteln, so wie ein Geber Karten nach dem Zufallsprinzip aus einem Stapel herausziehen und die Ergebnisse in die Hände legen kann. Am Ende liefert das Programm die Ergebnisse grafisch in Form eines verzweigten phylogenetischen Baums.«[276] Computersimulationen waren in der Lage, mögliche und sehr kontingente historische Szenarien zu generieren und darzustellen, mit denen Paläontologen an den Geschehnissen in der Tiefenzeit arbeiten können. Diese Simulationen werden daher als Arbeitshypothesen zu technisch erzeugten Evolutionsprozessen betrachtet. Sie bieten die Möglichkeit, in eine tiefere zeitliche Dimension einzugreifen, die sonst unzugänglich geblieben wäre – und dies erlaubt Evolutionsbiologen, mit der Vergangenheit zu experimentieren.

Wie auf den vorhergehenden Seiten beschrieben, ist die Möglichkeit der Vergangenheitsarbeit durch die Verwendung technologisch erzeugter Szenarien keine Besonderheit der Paläontologie des 20. und 21. Jahrhunderts. Die Verwendung von Diagrammen, Tabellen, Metadaten, Etiketten usw. ermöglichte Paläontologen den Zugang zu dem untersuchten Phänomen. Ohne diese technologisch generierten Systeme wäre kein Zugang zur Tiefenzeit möglich. Papiertechnologien bieten genauso wie Computersimulationen den gleichen technologischen Ansatz für die Historizität der Evolution. Der bedeutende französische Biologe Georges Cuvier war von der Nützlichkeit und Notwendigkeit eines technischen Ansatzes für die Tiefenzeit so überzeugt, dass er ein sogenanntes Papiermuseum schuf, mit dem er ausgestorbene Organismen testen und visualisieren und Theorien über die Dynamik des evolutionären Wandels aufstellen konnte.

Virtuelle Paläontologie des 21. Jahrhunderts

Bis jetzt habe ich die wesentliche Rolle untersucht, die der Technologie bei der Darstellung, Präsentation und Repräsentation von Fossilien zukommt. Obwohl die neue Computertechnologie bei der Darstellung und Präsentation von Fossilien eine fundamentale Funktion hat, stellt sie nur eine Beschleunigung der Arbeit dar, die durch die einfachsten Papiertechnologien generiert werden kann. Wie Sepkoski und Tamborini feststellen[277], steht die Arbeit der Paläontologie des 20. Jahrhunderts in starker Kontinuität zu den Arbeiten mit Papierwerkzeugen des 19. Jahrhunderts. In diesem Abschnitt möchte ich einen Schritt vorwärts gehen und untersuchen, wie die Technologie nicht nur für einen möglichen Zugang zur Tiefenzeit (wie im 19. Jahrhundert), sondern auch für die Erstellung neuer Szenarien und Forschungsfragen unerlässlich ist. In Anlehnung an den Architekten Kostas Terzidis werde ich den Übergang von der Computerisierung der Paläontologie zu einer computerbasierten Paläontologie untersuchen. Gemäß Terzidis zeichnet sich die Computerisierung einer Disziplin dadurch aus, dass bereits im Sinne des Projekts konzipierte Prozesse in ein Computersystem eingefügt, manipuliert oder auf einem Computersystem gespeichert werden;[278] aber das Gegenteil ist der Fall. Die Computerforschung erlaubt es den Wissenschaftler:innen, neue Fragen und Möglichkeiten zu stellen, die mit klassischen Technologien nicht möglich gewesen wären. Um diesen Übergang zu untersuchen, werde ich mich nun den Merkmalen der neueren virtuellen Paläontologie zuwenden.

Wie zu Beginn des Kapitels erläutert, sind die Fossilien unvollkommen und unvollständig. Sie sind außerdem äußerst zerbrechlich und lassen sich nur schwer von dem Gestein trennen, in dem sie eingeschlossen wurden. Es wurden einige mehr oder weniger effektive Techniken entwickelt, um die Fossilien von ihren Gesteinen zu befreien. Der klassische Ansatz besteht darin, Werkzeuge zu verwenden, um das Fossil physisch zu entfernen. Alternativ kann man versuchen, das Fossil durch chemische Präparate aus dem Gestein zu entfernen oder das Fossil chemisch aufzulösen, so dass es einen Abguss freigibt, der wiederum gefüllt werden kann. In all diesen Fällen besteht jedoch die Gefahr des Bruchs oder der Verformung des Fossils. Außerdem bleibt die innere Morphologie des Fossils unzugänglich: »Die ›virtuelle Paläontologie‹ weicht diesen Problemen aus. Die angewandten Techniken sind in der Regel tomographisch, d. h. es werden serielle Schnitte durch ein Fossil gemacht. Die daraus resultierenden zweidimensionalen Schnittbilder oder Schichtbilder (Tomogramme) können entweder direkt untersucht oder zur Erstellung eines dreidimensionalen Modells des ursprünglichen Fossils verwendet werden, oft mit Hilfe eines Computers.«[279]

Heute wird zerbrechliches fossiles Material deshalb auf dem Computerbildschirm angezeigt, nachdem es gescannt oder durch virtuelle Realität dargestellt wurde. Diese neuen Methoden machen es möglich, den Mikrokosmos des Fossils zu erleben und aus allen Richtungen zu betrachten. Darüber hinaus ermöglichen sie die Durchführung einer Reihe von Aktivitäten und Untersuchungen, die sonst in der klassischen paläontologischen Praxis nicht möglich wären. Beispielsweise kann der Experimentator auf seinem Computerbildschirm nicht-invasiv unmittelbar hinein- und herauszoomen oder Objekte drehen. Die dreidimensionalen (3D) virtuellen Visualisierungen des Materials bilden die Grundlage für deskriptive Publikationen und für weitere experimentelle und quantitative Ansätze zur evolutionären Dynamik von Organismen in der Tiefenzeit. Darüber hinaus lassen sich die durch 3D-Scans und Visualisierungen erzeugten Daten leicht manipulieren, reproduzieren, gemeinsam nutzen und anderen Wissenschaftlern zur Verfügung stellen. Obwohl es immer noch viele Probleme im Zusammenhang mit der gemeinsamen Nutzung von Fossilien zwischen Institutionen gibt, erklären Cunningham und Kolleg:innen enthusiastisch, dass »[digitale] Datensätze als Allheilmittel für die Probleme des begrenzten Zugangs zu fossilen Exemplaren angepriesen [wurden]. Im Prinzip können sie online ausgetauscht werden, um sie der gesamten Gemeinschaft zur Verfügung zu stellen und der Paläontologie die Offenheit zu bieten, die andere biologische Wissenschaften genießen.«[280]

Im Zuge der Digitalisierung können auch Strukturen des Fossils sichtbar gemacht werden, die vorher nicht frei präpariert werden konnten, ohne das Original (oft die wertvollen Kopien des Exemplars) zu beschädigen: Dieser technologiegeprägte virtuelle Ansatz »ist nicht nur eine Lösung für problematisches Material, sondern eine leistungsstarke neue Reihe von Techniken für die erneute Betrachtung von dreidimensional erhaltenen Fossilien«.[281] 3D-Modellierungen von Fossilien erlauben daher einen technischen Zugriff und Eingriff auf die Funktionsweisen einzelner Strukturen von fossilisierten Lebewesen. Wie Cunningham und Kolleg:innen oben behaupten, »[hat die] computergestützte Visualisierung und Analyse von Fossilien […] das Studium ausgestorbener Organismen revolutioniert«.[282]

Um zu analysieren, wie die von der virtuellen Paläontologie implementierte Technologie tatsächlich die Art und Weise verändert, in der die geologische und evolutionäre Vergangenheit sowohl zugänglich als auch studierbar ist, werde ich mich auf zwei Fallstudien konzentrieren. Um die erste Fallstudie zu entwickeln, müssen wir zurück zum Naturkunde Museum Berlin.

In den letzten Jahren wurde das Skelett des *Brachiosaurus Brancai* mit den Techniken der virtuellen Paläontologie untersucht. So konzentrierten sich Paläontolog:innen etwa in einer im Jahr 2020 veröffentlichten Studie insbesondere auf die Morphologie und die Muskulatur des Schwanzes[283]. Die klassische Methode, um auf die Muskel-Skelett-Struktur eines ausgestorbenen Organismus zu schließen, beruht auf einem Vergleich dieser Struktur mit der von evolutionär verwandten Tieren. Im Fall der Dinosaurier beispielsweise haben Forscher:innen die Morphologie von

Vögeln und Krokodilen als möglichen Vergleich herangezogen. Die Paläontolog:innen des Museums für Naturkunde in Berlin akzeptierten diese klassische Vergleichsmethode, setzten sie aber im Rahmen der virtuellen Paläontologie um. In der oben erwähnten Studie rekonstruierten sie digital den Schwanz des Sauropoden, indem sie »Werkzeuge zur photogrammetrischen 3D-Digitalisierung und 3D-Modellierung in Kombination mit Informationen aus vorhandenen Krokodilpräparaten (*Alligator mississippiensis*) [...] und einem ›Extant Phylogenetic Bracket‹-Ansatz [...] anwandten und die Anatomie der Schwanzwirbel und Muskeln des *Giraffatitan* mit der von vorhandenen Krokodilen verglichen«.[284] Im Anschluss an diese Analysen konnte festgestellt werden, dass der *Brachiosaurus brancai* einen extrem kräftigen Schwanz hatte, der eine funktionelle Rolle für den Körper spielte: »Er half bei seiner Stabilisierung und bei seinem Vortrieb, aber auch als Gegengewicht für den präsakralen Teil des Körpers.«[285] Darüber hinaus konnten sie ein Gesamtgewicht des Schwanzes von etwa 250 Kilogramm dokumentieren. Diese Ergebnisse sind äußerst bedeutsam, weil die Muskulatur eines ausgestorbenen Organismus nie versteinert wird – da die Muskeln aus weichem Material bestehen, sind sie dementsprechend nicht konservierbar. Durch die Anwendung von 3D-Fotografie und verschiedenen Modellierungen konnten die Paläontolog:innen Zugang zu etwas erhalten, das nicht gegeben ist. Sie nutzten diese Ergebnisse als mögliche Plattformen, um mit der Tiefenzeit zu experimentieren und zu arbeiten. Dann wurden durch die virtuelle Untersuchung des Fossils Fragen über die Haltung, Kraft und biomechanischen Eigenschaften des realen Fossils gestellt. Mit anderen Worten: Reale und virtuelle Biologie (funktionelle Anatomie und biologische Daten) und Technologie (3D-Methoden) verschmelzen und unterstützen sich gegenseitig. Als Ergebnis stellten die Paläontolog*innen fest, »[dass unsere] Methodik eine besser eingeschränkte Rekonstruktion von Muskelvolumina und -massen in ausgestorbenen Taxa und damit Kraft- und Gewichtsverteilungen im gesamten Schwanz [erlaubt] als nichtvolumetrische Ansätze«.[286]

Ein weiterer emblematischer Fall der Entgrenzung zwischen Biologie und Technologie ist der Einsatz virtueller Methoden, um den Mangel an versteinerten Informationen zu kompensieren. Wie auf den vorhergehenden Seiten erläutert, sind Fossilien an sich unvollkommen und unvollständig. Darüber hinaus kann der Prozess der Fossilisierung starke Verformungen hervorrufen. Mit Techniken der virtuellen Paläontologie untersuchten Paläontologen das stark deformierte Fossil des *Equus stenonis*, eines der am weitesten verbreiteten Pferdefossile des europäischen Pleistozäns. Fossile Pferde sind aufgrund ihrer langen und dünnen Morphologie und des Vorhandenseins mehrerer pneumatischer Nasennebenhöhlen, die im Inneren des Schädels auftreten, häufig im Schädel deformiert. Paläontologen stellten »ein neues virtuelles Runderneuerungsprotokoll mit dem Namen Target Deformation vor, das sich die jüngsten Fortschritte bei der digitalen Restaurierung fossiler Proben, [...] die digitale Ausrichtung zertrümmerter Teile [...] und die 3D-Transformation dünner Spline-Platten (tps3d) zunutze macht, [...] zur virtuellen Runderneuerung schlecht deformierten, teilweise unvollständigen Schädelmaterials unter Verwendung fossiler Zielreste derselben Spezies«.[287] Die Zieldeformation zielt darauf ab, asymmetrische Veränderungen aufgrund der taphonomischen Prozesse durch Anwendung einer Reihe entsprechender bilateraler Referenzpunkte zu beseitigen.

Wie im Fall der Muskelrekonstruktion des *Brachiosaurus brancai* haben Paläontolog*innen in dieser Studie zusätzlich zu fossilen Überresten andere Organismen eingesetzt, um das Virtuelle mit dem Realen zu verschmelzen. In diesem Fall wurden zwei fragmentarische, aber gut erhaltene Schädel von *Equus stenonis* aus Olivola, Italien, und Dmanisi, Georgien, verwendet.

Die Forscher:innen zeigten, dass das verwendete Protokoll für die virtuelle 3D-Rekonstruktion »in der Lage war, ein stark zertrümmertes Exemplar virtuell wiederherzustellen, indem teilweise vollständige Schädelproben, wie z. B. die fragmentarischen Schädel von *Equus stenonis* aus Olivola und Dmanisi, verwendet wurden. Auf diese Weise kann die ursprüngliche Form der Schädel in einem Detail wiederhergestellt werden, das eine morphologische, morphometrische und phylogenetische Analyse ermöglicht.«[288]

Die Anwendung virtueller Methoden zur Erforschung der Vergangenheit ist nicht nur auf die Paläontologie beschränkt, auch Disziplinen wie die Bioarchäologie und die Paläoanthropologie bedienen sich ihrer. Zum Beispiel untersuchte ein Forschungsteam unter der Leitung von Stefano Benazzi den Schädel des *Homo habilis* (KNM-ER 1813), der schätzungsweise 1,9 Millionen Jahre alt ist. Die Besonderheit dieses Fossilfundes besteht darin, dass aufgrund von Deformationen während des Petrefaktionsprozesses (mehrere Teile fehlen, andere sind schlecht erhalten oder stark deformiert) keine morphologische Methode angewendet werden kann, um die funktionelle Bedeutung seiner morphologischen Merkmale zu untersuchen. Durch die Verwendung eines Mikro-CTs und verschiedener Software »wurde der Gesichtsteil auf das Neurokranium ausgerichtet, die Gesamtverzerrung entfernt und die fehlenden Regionen wiederhergestellt«.[289] Als Ergebnis lieferte die digitale Rekonstruktion mit virtuellen Methoden »die Grundlage dafür, den KNM-ER 1813 in ein breiteres Spektrum morphometrischer und biomechanischer Analysen einzubeziehen, als dies bisher möglich war«.[290]

Die paläontologische Arbeit mit und an der Tiefenzeit basierend auf den ausgestorbenen Lebewesen, die entweder in Lehrbüchern dargestellt werden oder in Museen auf- und ausgestellt werden, beruht letztendlich auf einem Prinzip: »vom Bekannten auszugehen und von hier aus immer tiefer in die Vergangenheit hinabzusteigen.«[291] Diese Reise in die Tiefenzeit wird von verschiedenen Medien und Technologien sowie biologischer Kenntnis nicht nur gestützt, sondern überhaupt ermöglicht. Diese Zusammenarbeit ist so eng, dass eine Trennung zwischen den epistemischen und theoretischen und anderseits den technologischen Elementen dieser Arbeit unmöglich ist. Technologie in der Form von klassischen Papiertechnologien wie Tabellen, Listen und Buchführungen zugeordnete Metadaten sowie rezente 3D- und virtuelle Technologien ermöglichen den paläontologischen und morphologischen Erkenntnisprozess. Die Entwicklung der Morphologie gestattet wiederum immer präzisere, aus diversen Technologien resultierende Abbildungen ausgestorbener Tiere. Diese werden dann als Vergleichsmaterialien für die Ergänzung der nicht erhaltenen Teile des ausgegrabenen Organismus benutzt.

In der Tat ist die zeichnende und manipulierende Hand des/der Paläontologen/Paläontologin zentral für die Entwicklung der morphologischen Kenntnis sowie für die Wahrnehmung im Feld.

Obwohl dieses Verfahren während des 19. Jahrhunderts in verschiedenen Disziplinen eine allgemeine Verwendung fand[292], ragt im Fall der Paläontologie ein Aspekt dieser Methode besonders heraus. Bis zur Einführung von hypertechnischen Instrumenten wie 3D-Scanner oder die Anwendung von Robotik etablierte sich in der Paläontologie keine Trennung zwischen der zeichnenden Hand des Paläontologen und der des gelernten Handwerkers, wie es wiederum in anderen Wissensbereichen passierte. Sowohl in der Astronomie als auch in der Paläontologie blieben die Augen und die Hände des Wissenschaftlers miteinander verbunden.[293] Diese untrennbare Beziehung, die komplexe und akkurate Bilder produziert, ist eine *conditio sine qua non* der Erscheinung von Phänomenen der Tiefenzeit. Am Rande eines Treffens der paläontologischen Gesellschaft betonte der Paläontologe Otto Jaekel genau diesen Punkt. Er verglich den Wissensgewinn des Zeichnens mit dem der Fotografie und sagte explizit dazu: »Unsere Reproduktion stehen in vielen Fällen noch auf einer äußerst primitiven Stufe und vielfach sehr weit zurück hinter dem Illustrations-Material der Zoologie und Anatomie. Die Hauptschuld hieran trägt die viel zu weit gehende Benützung der Photographie.«[294]

Im Gegensatz zum Fotografieren ist man durch das Zeichnen in der Lage, die möglichen Explananda sichtbar zu machen und die unvollkommenen Fossilien zu vervollständigen.[295] Jaekel erläuterte näher, dass das, »was der Beschreibende am plastischen Objekt oft mit großer Mühe erkannt hat, [...] das Photogramm wohl an[deutet], aber es ist ein größerer Irrtum, wenn ein Autor glaubt, daß der Leser nun aus dem Bilde dasselbe heraussähe, was er am Objekt selbst mit Mühe beobachtet hat. Wir müssen doch bedenken, daß unser Sehen größtenteils auf geistigen Kombinationen beruht, durch die die Augen geleitet werden, und diese Kombinationen fallen doch in dem photographischen Bilde aus.«[296] Diese von der zeichnenden Hand durchgeführte Vervollständigung ist zentral in der Paläontologie und ist mit der paläontologischen Wahrnehmung eng verbunden: »Wir Paläontologen sind gewohnt, die Fossilien mit besonders geschärften Augen anzusehen, und erkennen daran vieles, was oft schon einem Zoologen unverständlich bleibt.«[297] Dieses Prinzip wird noch heute in Lehrbüchern genauso vertreten.

In der virtuellen Paläontologie gibt es noch einen weiteren Schritt. Obwohl es eine Kluft zwischen Techniker:innen und Wissenschaftler:innen gibt, erlaubt diese Aufteilung die Bildung interdisziplinärer Teams. Darüber hinaus wird Technologie eingesetzt, um neue Strukturen des Fossilbestandes wahrzunehmen und mit ihnen zu arbeiten – Strukturen, die ohne die Umsetzung von solchen Technologien nicht untersuchbar wären. Wie in den beschriebenen Fallstudien gezeigt wurde, wäre die Analyse der Brachiosaurus-Muskulatur oder die Wiederherstellung eines stark deformierten Fossils ohne den Einsatz von rechnerischen und virtuellen Techniken unmöglich.

Es folgt daraus, dass unterschiedliche Technologien verschiedene epistemische Zugänge zur Tiefenzeit implizieren: Nicht alle Technologien eröffnen und ermöglichen jedoch denselben Erkenntnisgewinn. Zentrale Bedeutung zur Erzeugung von Phänomenen hat daher die richtige Auswahl der Repräsentationen. In der Tat kann eine falsch ausgesuchte Technologie den epistemischen Status dieser Disziplin abwerten. Jaekel äußerte sich dazu folgendermaßen: »Die bisherige Nichtbeobachtung palaeontologischer Forschungen seitens anderer biologischer Fächer beruht großenteils auf den gegenwärtigen Mängeln unserer bildlichen Darstellung.«[298] Eine Auseinandersetzung mit den epistemischen Vorteilen einer Technologie gegenüber einer anderen bahnt deshalb einen Weg für das Verständnis der historischen Konstitutionsbedingungen der Paläontologie als Wissenschaft sowie für ihre Stellung innerhalb der biologischen Disziplinen. Die Technik der Tiefenzeit prägt die wissenschaftlichen Praktiken der Paläontologie, oder besser gesagt: Die Technik der Tiefenzeit verkörpert das paläontologische Wissen. In diesem Sinne sollte die von der historischen Epistemologie gestellte Kantische Frage durch eine Kritik der Medien und der Technologie erweitert werden.[299]

Die Anwendung der Technologie lässt sich eigentlich nur analytisch und damit völlig abstrakt von der Anwendung sowohl der biologischen Theorie als auch der Daten trennen. Tatsächlich partizipieren sie am gleichen Erkenntnisgewinn und verschmelzen miteinander. Ohne die Rekonstruktion durch verschiedene Technologien des fossilisierten Organismus als Ganzes können Paläontolog:innen nicht die ausgegrabenen Knochen als Teil eines ausgestorbenen Lebewesens erkennen und sind deshalb nicht in der Lage, sie korrekt zu sammeln. Ohne das Verständnis, dass die auf dem Boden liegenden oder in Gesteinen eingebetteten Knochen Reste von Organismen sind, werden sie auch nicht von Paläontologen oder Privatsammlern auf korrekte Art und Weise wahrgenommen und werden deshalb folglich auch nicht adäquat abgebildet sowie als Rohmaterial für zukünftige Untersuchungen nutzbar gemacht. Ohne ständig neues verfügbares Rohmaterial kann wiederum die Klassifizierung von neuen Lebewesen nicht stattfinden, und daher kommt es nicht zu neuen Benennungsprozessen. Ohne die Verwendung biologischer Daten und Theorie zur Rekonstruktion, Erweiterung und zum Vergleich des digitalisierten Fossils wäre diese virtuelle Operation unmöglich. Es folgt daraus, dass eine untrennbare Zusammenarbeit und Synthese zwischen biologischem Wissen und der Anwendung von Techniken und Medien – diese in Form von Abbildungen, Tabellen, Modellen, Scannern, virtueller Realität usw. – besteht und bestehen muss. In dieser Synthese ist nicht mehr zu erkennen, wo die Technik aufhört und die Logik beginnt, wo die technisch-wissenschaftliche Arbeit aufhört und die Tiefenzeit beginnt.

7. VON DER BIO-ROBOTIK ZUR ROBOTIK-INSPIRIERTEN MORPHOLOGIE

In den vorhergehenden Kapiteln sind wir nach dem Studium der Form im 20. und 21. Jahrhundert auf die Biologisierung der Technik gestoßen. In diesem Kapitel werden wir nun das entgegengesetzte Phänomen analysieren: die Technologisierung der Biologie. Konkret greift dieser Abschnitt des Buchs einige der Aspekte auf, die in dem Kapitel über die Technik der Tiefenzeit behandelt wurden und erweitert sie.

Wie bereits erläutert, sind Paläontologen durch den Einsatz virtueller Technologien, Scanner und Software verschiedener Art in der Lage, ein unvollkommenes und unvollständiges Fossil wiederherzustellen und mit ihm zu arbeiten. In den letzten Jahren ist ein weiterer Schritt getan worden: Roboter wurden eingesetzt, um komplexe biologische Formen zu untersuchen, die anderweitig nicht analysiert werden können. Bei dieser Anwendung geht es nicht darum, Roboter als heuristische Werkzeuge oder passende Analogien (i. e. Organismen agieren nach bestimmten Prinzipien wie Roboter) zu verwenden, um zu verstehen, wie Organismen selbst funktionieren oder was sie sind. Im Gegenteil, Roboter werden gebaut, um neue biologische Fragen zu stellen, und nicht als Vehikel, um eine Übertragung eines biologischen Prinzips auf den technischen Bereich zu demonstrieren (wie es normalerweise in der Bionik der Fall ist). Wie der Biologe Donato Romano und Kolleg:innen bemerken: »Die Verschmelzung der biologischen und künstlichen Welt, sowohl physisch als auch kognitiv, stellt einen neuen Trend in der Robotik dar, der vielversprechende Aussichten bietet, die Paradigmen des konventionellen bio-inspirierten Designs sowie der biologischen Forschung zu revolutionieren.«[300]

Wie die Historikerin Jessica Riskin argumentiert, waren das späte 18. und das 19. Jahrhundert Perioden, in denen Maschinen sowohl zur analogen Erklärung von Organismen als auch zu deren Simulation eingesetzt wurden. Dies, so Riskin, implizierte, dass Maschinen als »ein experimentelles Modell, von dem aus man Eigenschaften des natürlichen Subjekts entdecken kann«, wahrgenommen wurden.[301]

Der Historiker John Tresch bietet uns weitere Informationen über die Verwendung und Definitionen von Automaten während des Zeitalters der Romantik. Er stellt fest, dass entgegen der weit verbreiteten Meinung, welche eine totale Ablehnung des Einsatzes von Maschinen und Automaten während der Romantik zugunsten einer Ode an die Lebenskräfte vertritt, Maschinen eine Schlüsselrolle spielten. Sie wurden mit dem Phantastischen assoziiert. Durch den Einsatz von Maschinen und Automaten waren die Menschen in der Lage, der Realität zu entfliehen und manipulative Möglichkeiten im Verhältnis zur Natur zu schaffen. Schon in der Romantik hatten Wissenschaft und Technik Mittel gefunden, die verborgenen Kräfte der Natur so erfolgreich zu modifizieren, dass es nicht mehr nötig war, Wissenschaft und Technik zu trennen.[302] So stellt Tresch zu Recht fest: »Die mechanischen Romantiker versuchten, mittels Kunst, Wissenschaft und Technik eine Einheit zwischen dem menschlichen Bewusstsein und der Natur, aus der es hervorgegangen ist, zu schmieden. Sie zielten darauf ab, eine organische Gesellschaft und einen organischen Kosmos, eine vollständig menschliche Lebensform, durch mechanische Kunst zu erschaffen.«[303]

Wie in Kapitel 4 beschrieben, wurde durch die Kybernetik ein wesentlicher Impuls für den Einsatz von Maschinen in experimentellen Zusammenhängen zum Verständnis organischer Strukturen gegeben. Während die Entwicklungen in der Kybernetik die Entstehung der Bionik sowohl im deutsch- als auch im englischsprachigen Raum unterstützten, erwiesen sich die entwickelten Automaten oft als sehr unzureichend für die Modellierung und das Verständnis der sensomotorischen Verhaltensweisen, die von lebenden Systemen in teilweise strukturierten oder chaotischen Umwelten erzeugt werden. Aufgrund der Geschwindigkeitsgrenzen der in den 1960er und 1970er Jahren verfügbaren Computer, aber auch aufgrund der Struktur der Algorithmen, die zur Verarbeitung sensorischer Daten und zur Planung motorischer Verhaltensweisen verwendet wurden, waren die produzierten Automaten sehr langsam und in experimentellen Settings nur schwer zu verwenden. Mitte der 1980er Jahre wurden Roboter gebaut, die effiziente sensomotorische Verhaltensfähigkeiten in teilweise strukturierten Umgebungen zeigten, basierend auf einer parallelen, verteilten Architektur, die als ›verhaltensbasierte Architektur‹ bezeichnet wird.

Ausgehend von der Verwendung von Automaten und Robotern in der Geschichte der Wissenschaft schlägt der Philosoph Edoardo Datteri[304] eine nützliche philosophische Taxonomie vor, um die verschiedenen Verwendungen von Robotern in der Wissenschaft zu unterscheiden. Ein erster Fall ist, wenn wir in ›typischen‹ Studien der Biorobotik durch Beobachtung des Verhaltens des Roboters etwas über das Zielsystem lernen. Aus dieser ersten Verwendung lassen sich zwei Unterkategorien ableiten: Erstens wird das Verhalten des Roboters als das Verhalten interpretiert, das das Zielsystem (d. h. das Objekt, das man untersuchen möchte) unter bestimmten Umständen hervorbringen würde.

Durch Verhaltensvergleiche zwischen dem Roboter und dem Zielsystem (d. h. dem Untersuchungsobjekt) wollen die Wissenschaftler:innen testen, ob der Roboter ein ›gutes‹ Modell des Zielsystems implementiert. Wenn der konstruierte Roboter also ein ›gutes‹ Modell des Zielsystems implementiert, ist es legitim, den Roboter zu untersuchen, um Rückschlüsse auf das Zielsystem zu ziehen. Zweitens kann das Verhalten von Robotern selbst untersucht werden. Das Ziel ist es, das Verhalten des lebenden Systems vorherzusagen, dessen theoretisches Modell im Roboter implementiert ist; das Verhalten des Robotersystems unter bestimmten Umständen wird als informativ für das Verhalten angesehen, das das Zielsystem unter ähnlichen Umständen zeigen würde. Oder das Ziel ist es, ein mögliches Modell des Mechanismus zu testen, was dem Zielsystem ermöglicht, sich auf eine bestimmte Weise zu verhalten, indem das Verhalten des Roboters mit dem Verhalten des lebenden biologischen Systems verglichen wird, dessen theoretisches Modell in der Maschine implementiert ist. Das Ergebnis dieses Vergleichs wird auf die Plausibilität des betrachteten theoretischen Modells gebracht.

Alternativ werden Roboter auf der Grundlage ihrer Interaktion mit dem Zielsystem untersucht. Durch diese Untersuchung lernt man etwas über das Zielsystem, indem man beobachtet, wie sich sein Verhalten durch die Eingriffe des Roboters verändert. Dies führt dann zu theoretischen Rückschlüssen auf das Zielsystem.

OroBOT

Um die Rolle der Robotik in den rezenten morphologischen Untersuchungen zu veranschaulichen, möchte ich mich nun zwei emblematischen Fallstudien zuwenden. In der ersten geht es um ein klassisches Thema der Biomechanik: die Rekonstruktion und Erklärung der Fortbewegung von Organismen. Obwohl das Thema eher konventionell ist – es war zum Beispiel eines der Hauptforschungsthemen der Morphologie des 20. Jahrhunderts –, sind die Untersuchungsmethoden ziemlich innovativ. Der untersuchte Organismus ist der *Orobates pabsti*, ein vierbeiniges Wirbeltier, das vor etwa 300 Millionen Jahren ausgestorben ist. Eine morphologische Studie dieses gut erhaltenen fossilisierten Exemplars ist sehr wichtig, da es einige wertvolle Einblicke in die Evolution der terrestrischen Wirbeltiere erlaubt. Der Orobates ist ein früher Auswuchs der Linie hin zu den Amnioten, welche einen der wichtigsten Übergänge der Wirbeltiere zum Land wirklich vollzogen. Das Verständnis, wie sie sich in ihrer frühen Entwicklung vom offenen Wasser unabhängig machen und wie sie dann vom Wasser an Land gelangen konnten, ist für die Wirbeltier-Evolution von wesentlicher Bedeutung.

Zur Bewältigung dieses Problems wurde ein multidisziplinäres Team von Biolog:innen, Ingenieur:innen und Designer:innen zusammengestellt. Sie sahen sich mit der Herausforderung konfrontiert, die Morphologie eines ausgestorbenen Tieres zu rekonstruieren, eine mögliche Hypothese über seine Fortbewegung aufzustellen und schließlich morphologische Daten zu verwenden, um weitere biologische Übergänge und evolutionäre Mechanismen zu untersuchen. Folglich wurden für die Untersuchung verschiedene Techniken miteinbezogen und angewendet. Der Biologe John Nyakatura und Kolleg*innen berichteten in der Zeitschrift *Nature* ausführlich über ihre Methodik. Zunächst verwendeten sie CT- und 3D-Rekonstruktionen, um ein digitales Modell der versteinerten *Orobates* zu erhalten. Im Anschluss digitalisierten sie die fossilen Spuren, die (vermeintlich) zu den *Orobates* gehören sollen. In einem dritten Schritt gewannen sie Daten über die mechanischen Prinzipien der Fortbewegung der überlebenden Tetrapodenarten. Viertens wurde eine digitale Marionette[305] der *Orobates* entworfen sowie dynamische und kinematische Simulationen der Fortbewegung der *Orobates* durchgeführt. Nachdem die Wissenschaftler diese große Datenmenge erhalten hatten, schränkten sie, fünftens, damit die Möglichkeiten ein und konnten so unwahrscheinliche Gangarten ausschließen. Dies führte zu dem, was sie den ausgestreckten Gangraum des *Orobates* nannten. Aus den gewonnenen Erkenntnissen entwickelten sie schließlich den Roboter OroBOT, um die Anatomie der *Orobates* darzustellen. Der OroBot wurde in Zusammenarbeit mit Bioingenieuren an der École Polytechnique Fédérale de Lausanne (EPFL) in Lausanne vo Ort gebaut. Die Wirbelsäule des OroBot wurde in acht operierende Gelenke segmentiert: zwei für den Hals, vier für den Rumpf und zwei für den Schwanz. Die Füße bestanden aus drei passiven, nachgiebigen Gelenken. Die entworfenen Teile des OroBOTs wurden aus Polyamid-Kunststoffmaterial hergestellt und mit laserselektivem Sintern produziert.

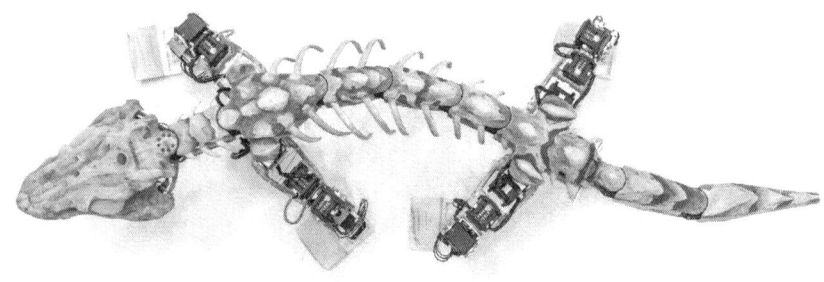

Abb. 5: OroBOT. Bildnachweis: Alessandro Crespi (EPFL Lausanne).

Nyakatura und Kollegen beschrieben ihre Absicht wie folgt:

> OroBOT wurde entwickelt, um die Anatomie des *Orobates*-Fossils, die Massenverteilung der Körpersegmente und die Position des Massenschwerpunkts genau nachzuahmen – Das Design und die Steuerung des Robotersystems (das physikalische OroBOT-Modell) basierten auf einer früheren biomimetischen Plattform, die erfolgreich die Kinematik und Dynamik eines laufenden Salamanders nachahmte, der hier an die Morphologie von *Orobates* angepasst wurde.[306]

Der Roboter wurde als technische Plattform zum Verständnis der Gangfunktion des Tieres eingesetzt. Die Wissenschaftler analysierten seinen Form-Funktions-Komplex und testeten 15 mögliche Gangarten für die funktionelle Anordnung des OroBOTs. Anhand der digitalisierten Daten und des Einsatzes des Roboters konnten die Biologen dann verstehen, wie der *Orobates* seine vier Beine auf dem Land bewegt hat. Die Ergebnisse legten nahe, dass die *Orobates* eine aufrechtere, fortgeschrittenere und mechanisch energiesparendere Fortbewegung als die ersten Tetrapoden hatten, dass »diese fortgeschrittenen irdischen Fortbewegungseigenschaften beim letzten gemeinsamen Vorfahren der *Diadectiden* und *Amnioten*, d. h. innerhalb der Amnionstamm-Abstammungslinie und vor der anschließenden schnellen Bestrahlung von Kronenamnioten, vorhanden gewesen sein könnten«.[307] Wie der Paläontologe Stuart Sumida dem *Scientific American* berichtete, »haben uns Nyakatura und seine Kollegen [*Orobates*] so nahe gebracht, wie es ohne Zeitmaschine möglich ist«.[308]

Die von der Robotik inspirierte morphologische Forschung von Nyakatura und seinen Kollegen war so innovativ, dass die Zeitschrift *Nature* ihr das Cover von Band 565, Ausgabe 7739, widmete. Tatsächlich wurde der OroBOT nicht nur als Plattform genutzt, um neue Fragen zu stellen und mehr Daten darüber zu gewinnen, was vor Millionen von Jahren in der Erdgeschichte geschah; aufgrund seiner Salamander-ähnlichen Struktur wurde er auch als Inspiration genutzt, um bioinspirierte Roboter mit weiteren neurowissenschaftlichen und genetischen Daten zu kombinieren, zur umfassenderen Untersuchung biologischer Fragen. Der Salamander ist aufgrund seiner Fähigkeit, die Fortbewegung nach einer totalen Resektion der Wirbelsäule zu regenerieren, ein erstklassiger Modellorganismus. In einer 2020 erschienenen Publikation schlugen der Neurowissenschaftler Dimitri Ryczko und Kolleg:innen vor, »Ansätze der funktionellen Genomik, der Systemneurobiologie, der numerischen Modellierung und der Robotik zusammenzubringen, um das Zusammenspiel zwischen zentralen und peripheren Mechanismen zu verstehen«.[309] Insbesondere nutzten sie neuromechanische Salamander-Modelle und Roboter, um »zu entschlüsseln, wie Bewegungen aus den Interaktionen zwischen zentralen und peripheren Signalen entstehen«.[310] Daher wurde die von der Robotik inspirierte Morphologie benutzt, um sowohl Zugang zur Formstudie an ausgestorbenen Tieren zu erhalten als auch weitergehende Fragen zu wichtigen biologischen Übergängen zu stellen.

Tunabot

Die zweite Fallstudie ist eine Auseinandersetzung mit der Thunfisch-Robotik, sie stellt die Umsetzung der Robotik bei der Untersuchung der Morphologie rezenter Organismen vor. Gelbflossen-Thunfische sind Hochleistungsschwimmer – insbesondere auf der Flucht vor Raubtieren oder beim Fangen ihrer Beute. Ihr Schwimmen ist äußerst effizient, und sie können ihr Tempo zwischen schneller und relativ langsamer Bewegung wechseln. Obwohl in der Vergangenheit bereits mehrere fischähnliche Roboter und autonome Unterwasserfahrzeuge hergestellt wurden, können diese Roboter nicht das Leistungsniveau von Thunfischen erreichen. Diese Unzulänglichkeit beruht auf einem mangelnden morphologischen Verständnis des Form- und Funktionskomplexes von Thunfischen und anderen Scombridfischen. Wie die Biologen Dylan K. Wainwright und George Lauder es ausdrücken, »fehlt uns in vielen Fällen ein mechanistisches Verständnis der Funktionsmorphologie schwimmender Tiere«.[311]

Um zu verstehen, wie die Form-Funktions-Anordnung des Thunfischs funktioniert, entschied sich Lauders Team zusammen mit dem Team des Maschinenbau- und Luft- und Raumfahrtingenieurs Hilary Bart-Smith für Verfahren, die von der Robotik inspiriert sind. Folglich entwickelten die Wissenschaftler einen »Tunabot«, einen Roboter, der eine »vereinfachte Version der Morphologie von Scombridfischen« nachbildete.[312] Wie der OroBOT wurde auch der Tunabot durch einen biomimetischen Prozess entworfen: Sein Design »wurde durch Computertomographie-Scans (CT) vom Gelbflossenthun (*Thunnus albacares*) inspiriert, und die Größe der Plattform ist ähnlich wie die der erwachsenen atlantischen Makrele (*Scomber scombrus*) oder des jungen Gelbflossenthuns«.[313] Auch hier war das biomimetische Prinzip ausschlaggebend für die Schaffung eines Roboters, der es den Wissenschaftlern ermöglichen sollte, neue biologische Fragen zu stellen:

> Während die Biologie eine Hochleistungs-Roboterplattform inspirieren kann, wird die Entwicklung einer solchen Plattform auch die Möglichkeit bieten, sowohl das Hochgeschwindigkeitsschwimmen als auch die Funktion von Merkmalen, die für Hochleistungs-Fische einzigartig sind, experimentell zu untersuchen. Die Entwicklung fischinspirierter Plattformen, die zum Hochleistungsschwimmen in der Lage sind, ist daher von entscheidender Bedeutung für die Erweiterung der Fähigkeiten nicht-traditioneller Antriebe sowohl in utilitaristischer als auch in wissenschaftlich relevanter Weise.[314]

Die äußere Form des Tunabots wurde von einem »Gelbflossen-Thunfischkörper ohne alle Flossen«[315] inspiriert, während der Motor im Kopf über einen Betätigungsmechanismus mit der Schwanzflosse verbunden war (Abb. 6). Nach der Konstruktion und dem 3D-Druck wurde die Geschwindigkeit des Tunabots gemessen.

Die Implementierung von Robotern scheint in Disziplinen, in denen das Experimentieren in vivo prinzipiell ausgeschlossen ist, unkompliziert zu sein, daher ist die Begründung für den Einsatz von Robotern in der Neonatologie eine ganz andere. Das Argument für den Entwurf des Tunabots war die Überzeugung, dass der Form-Funktions-Komplex in Verbindung mit der Umgebung, in der er arbeitet, verstanden werden muss. Die Kontrolle darüber, wie Form-Funktion funktioniert, ist nur möglich, wenn sein Medium in den morphologischen Untersuchungen berücksichtigt wird. Lauder bemerkte in einer anderen programmatischen Arbeit, dass »die Rückkopplungsschleife zwischen der Bewegung

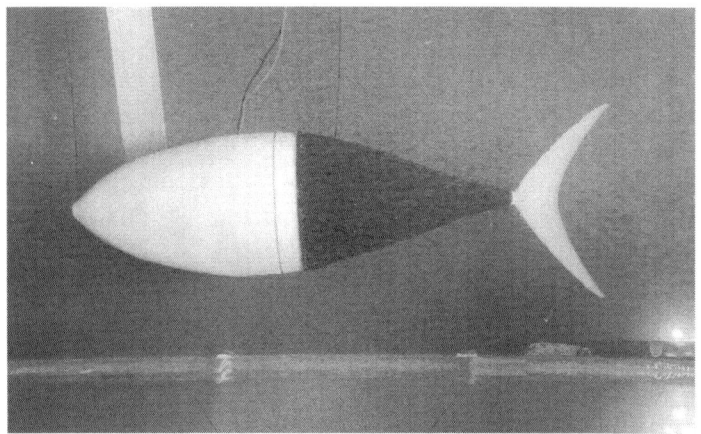

Abb. 6: Tunabot. Bildnachweis: George Lauder.

des Tieres und dem Fluss und der Kraftantwort aus der Umgebung zu einer nicht-intuitiven und neuartigen Bewegungsbiomechanik führen kann, die mit Robotern studiert werden kann«.[316] Diese Interaktion erzeugt neue Fragen und Hypothesen zur Tierbewegung. Im Fall des Tunabots zum Beispiel war es das Ziel, neue Fragen und Daten zum Verständnis der biomechanischen Effizienz von Fischen im offenen Ozean zu gewinnen.

Diese Untersuchung erzeugte eine produktive Verbindung zwischen Robotik und Biologie. Lauder und Gravish kündigten an, dass dieser Ansatz, der die gegenseitige Beleuchtung und das Experimentieren zwischen Biologie und mechanischen Systemen beinhaltet, verdeutlicht, wie eng miteinander verbunden robotische und biologische Experimente zu einer Forschungs-Feedback-Schleife führen können, in der Roboter zur Generierung biologischer Hypothesen eingesetzt werden können. Das Endergebnis dieser intellektuellen Rückkopplungsschleife ist, dass »die Robotiker ihre Steuerungsmöglichkeiten durch Wellenmodulation erweitert haben und die Biologen ihrerseits neue Steuerungsstrategie-Hypothesen für das Manövrieren [von Organismen] entwickeln und testen konnten«.[317] Der Bau des Tunabots ermöglichte es den Wissenschaftlern somit, Schritt für Schritt alle Faktoren und Elemente zu kontrollieren, die den Form-Funktions-Komplex beeinflusst haben könnten.[318]

Ein weiterer Aspekt der Anwendung der Robotik in der aktuellen biologischen Forschung ist hervorzuheben: Roboter können auch interaktiv eingesetzt werden, d. h., sie können in vivo mit biologischen Organismen interagieren und Rückmeldung geben. Wie bereits festgestellt wurde, ist »die Rolle des Roboters in der interaktiven Biorobotik [...] völlig unterschiedlich. Sie dient nicht als Surrogat für die Vernunft über das Zielsystem, denn das Zielsystem ist da. Vielmehr wird sie dazu verwendet, das Zielsystem auf eine Weise zu stimulieren, die funktionell dazu geeignet ist, etwas darüber zu lernen.«[319] Der Einsatz von Robotern in diesem Bereich schafft gemischte Gesellschaften, in denen Roboter und Organismen miteinander interagieren und die Verhaltensweisen beider auf der Grundlage der erhaltenen Antworten angepasst oder rekalibriert werden.

José Halloy und Kollegen erklären, dass »gemischte Gesellschaften dynamische Systeme [sind], in denen Tiere und künstliche Agenten interagieren und zusammenarbeiten, um eine gemeinsame kollektive Intelligenz zu erzeugen. Künstliche Agenten ersetzen nicht die Tiere, sondern arbeiten zusammen und bringen neue Fähigkeiten in die gemischte Gesellschaft ein, die den reinen Gruppen von Tieren oder künstlichen Agenten unzugänglich sind.«[320] Laut Halloy besteht die erste technologische Herausforderung darin, Tiergemeinschaft dazu zu bringen, Roboter zu akzeptieren, und geeignete Kommunikationskanäle zu finden, die bestimmten Tiermerkmalen wie Bewegungsmustern, visuellen, olfaktorischen, akustischen und kognitiven Prozessen entsprechen. Halloy und Kollegen identifizieren deshalb drei unterschiedliche Robotertypologien, die dazu dienen sollen, die mögliche Interaktion zwischen Robotern und Organismen zu ermöglichen und zu vereinfachen. Roboter, die mit lebenden Tieren interagieren, können in verschiedenen Formen entworfen werden: (1) Mobile Roboter (*mobile nodes*): autonome und mobile Roboter, die sich unter lebende Tiere mischen. (2) Statische Roboter (*static nodes*): verteilte unbewegliche Sensor-Aktor-Einheiten. (3) Montierte Roboter (*mounted nodes*): Sensor-Aktor-Einheiten, die an den Tieren selbst montiert sind und den Tieren neue Fähigkeiten verleihen.

Anhand des Einsatzes mobiler Roboter haben Donato Romano und sein Team die Beute-Raubtier-Interaktion untersucht. Um eine Räuber-Beute-Interaktion zu manipulieren, verfolgten die Wissenschaftler einen bio-hybriden Ansatz, bei dem ein Roboter entwickelt wurde, der die Bewegung und das Aussehen eines Raubtiers, und zwar des Leopardgeckos *Eublepharis macularius* nachahmt.[321]

Sie fragten sich, ob der vorherige Kontakt mit einem Raubtier, wie z. B. einem Gecko, den nächsten Sprung und die Fluchtrichtung bei Heuschrecken beeinflusst. Ihre Forschung zielte darauf ab zu verstehen, ob es sich um »die Planung des Sprungs der Fluchtrichtung und der Ausrichtung der Überwachung bei jungen und erwachsenen Individuen der wandernden Heuschrecke als adaptive Konsequenz der früheren Exposition gegenüber richtungweisenden räuberischen Annäherungen, die von einem Gecko erzeugt wurden«[322], handelte: Das Flucht- und Überwachungsverhalten von Heuschrecken wird durch Erfahrung moduliert. Diese Antwort ergab sich aus der Untersuchung der Beziehung und Interaktion zwischen dem Gecko-Roboter und der Heuschrecke. Der Gecko-Roboter simulierte die Raubtier-Handlung, indem er der Heuschrecke nachspürte. Während der 60-minütigen Trainingsphase wurden die in einem durchsichtigen Käfig platzierten Heuschrecken einzeln simulierten Angriffen des Gecko-Roboters von ihrer rechten oder linken Seite ausgesetzt, wodurch trainierte Reaktionen zur Flucht nach rechts bzw. links erzeugt wurden.

Eine erste experimentelle Phase war der Untersuchung der Fluchtrichtung des Sprungs gewidmet: Heuschrecken, die jeweils auf der linken oder der rechten Seite trainiert wurden, wurden danach frontalen Angriffen vom Gecko-Roboter ausgesetzt und die Fluchtrichtung ihres Sprungs aufgezeichnet.

Die Experimente zeigten, dass die vorherige Exposition gegenüber dem Raubtier die Fluchtrichtung beeinflusste: Die Anzahl der Sprünge nach rechts war bei den links trainierten Heuschrecken höher und umgekehrt. Diese Daten wurden von Wissenschaftler:innen so interpretiert, dass die Ergebnisse »auf eine hohe Plastizität der Fluchtmotorausgänge hindeuten, die fast in Echtzeit mit wahrgenommenen Reizen erfolgen, wodurch sie sehr anpassungsfähig sind und sich an Umweltveränderungen anpassen, um effektiv und zuverlässig zu sein«.[323]

Daraus folgerten die Forscher: »Roboter können nützlich sein, um die Verhaltensanpassung zu studieren, da sie im Vergleich zu echten Tieren leichter zu handhaben sind und es möglich ist, ihre Position in der Umgebung zu kontrollieren, was ein hoch standardisiertes und reproduzierbares Versuchsdesign ermöglicht. Dieses neuartige Paradigma für verhaltensökologische Untersuchungen, das die Robotik mit der Ethologie verbindet, wird auch als Ethorobotik bezeichnet.«[324]

Die Entwicklung der Integration und Synthese zwischen Biologie und Robotik zur Generierung neuer Hypothesen geht in neue Richtungen. Ein weiteres interessantes Forschungsgebiet ist beispielsweise die Untersuchung von Robotern, die auf Reize reagieren, welche durch biologische Interaktionen erzeugt werden: Hier treibt der biologische Teil das Artefakt an, wodurch ein umgekehrter Zustand im Vergleich zu techno-artifiziellen Organismen geschaffen wird.

So haben Wissenschaftler etwa ein Gewebeanalogon eines Karpfenfisches, wie z.B. eines Stachelrochen und Rochen, entworfen, gebaut und getestet. Durch die Modellierung und Erzeugung von in silico dissoziierten Rattenkardiomyozyten auf einem Elastomerkörper, der ein mikrofabriziertes Goldskelett umschließt, hat das Wissenschaftlerteam die Morphologie von Fischen im Maßstab 1=10 nachgebildet und einen Bioroboter hergestellt, der grundlegende Modelle der Flossenablenkung von Rochen (*Batoidea*) erzeugt. Durch die Kombination von weichen Materialien und Tissue Engineering mit Optogenetik gelang es den Wissenschaftlern, ein integriertes sensomotorisches System zu schaffen, das eine koordinierte Muskelbewegung und eine lichtgesteuerte Fortbewegung ermöglicht. Der Roboter kann mit Hilfe von Lichtreizen um Hindernisse herumschwimmen:

> Wir haben uns auf die Morphologie der Fische, die neuromuskuläre Dynamik und die Gangkontrolle gestützt, um ein lebendes, biohybrides System zu implementieren, das zu robusten, reproduzierbaren Fortbewegungs- und Rotationsmanövern führt. Unsere Studie ist nur ein erster Schritt in der Entwicklung von Mehrebenensystemen, die Neurodynamik, Mechanik und komplexe kontrollierbare sensorische Informationen des Gangs miteinander

verknüpfen, indem sie sensorische Informationen mit der motorischen Koordinationsordnung und der zum Verhalten führenden Bewegung koppeln. Diese Arbeit ebnet den Weg für die Entwicklung autonomer und anpassungsfähiger künstlicher Lebewesen, die in der Lage sind, mehrere Sinneseindrücke zu verarbeiten und komplexe Verhaltensweisen in verteilten Systemen zu erzeugen, und kann einen Weg zu einer ›verkörperten Kognition‹ von Soft-Robotern darstellen.[325]

Das Projekt brachte den Wissenschaftlern die Titelseite der Ausgabe vom 8. Juli 2016 der Zeitschrift »Science« ein.

Der letzte Aspekt, auf den ich bezüglich des Verlusts der Grenzen zwischen Biologie und Technologie kurz eingehen möchte, betrifft nicht die Bio-Robotik, sondern den Einsatz der virtuellen Realität (VR), um interaktive Experimente durchzuführen. Diese Strategie ermöglicht die detaillierte Untersuchung neuronaler sowie Verhaltensfunktionen durch die genaue Kontrolle des sensomotorischen Feedbacks bei Tieren, die sich in 3D-Szenarien bewegen. Biologen bauten ein VR-System, »das es einem Tier gleichzeitig erlaubt, sich frei zu bewegen, und das ein künstliches visuelles Feedback liefert, indem es die Fähigkeit des Systems nutzt, jede gewünschte visuelle Szenerie zu simulieren. Dieses System, FreemoVR, erhält die natürliche sensorisch-motorische Rückkopplung für die mechanischen Sinne aufrecht und bietet gleichzeitig eine experimentelle Kontrolle über die visuelle Erfahrung des Tieres. Es nutzt die Tierverfolgung, die vorgängige räumliche Kalibrierung von Computerbildschirmen und die Technologie von Computerspielen, um fotorealistische und perspektivisch korrekte Bilder aus der Perspektive des Tieres zu zeichnen, während es läuft, fliegt oder schwimmt.«[326]

Durch den Einsatz der virtuellen Realität und des FreemoVR-Systems konnten Biologen eine Reihe von Problemen im Zusammenhang mit Tierversuchen überwinden. Zunächst mussten die Tiere vollständig immobilisiert werden, um die Funktionsweise des Gehirns während der Bewegung verstehen und visualisieren zu können. Bei dem von Andrew Straw, Kristin Tessmar-Raible und Kollegen aufgestellten experimentellen Ansatz können sich die Tiere (wie beispielsweise Mäuse, Fliegen und Zebrafische) frei bewegen und haben somit eine direkte Rückkopplung mit den durch die VR erzeugten Umwelt- und visuellen Reizen. Darüber hinaus konnten Biologen bei Experimenten an Fischen lebende Organismen in Interaktion mit den von der virtuellen Realität erzeugten Organismen treten lassen. Damit konnten und können neue Perspektiven auf das Sozialverhalten von Tieren eröffnet werden.

Der integrative Ansatz der Robotik-inspirierten Morphologie des 21. Jahrhunderts

Der Einsatz der Robotik in den analysierten Fallstudien ist repräsentativ für die Methodik der rezenten morphologischen Forschung. Es wurden in beiden Fällen Roboter eingesetzt, um morphologische Untersuchungen zu ermöglichen. Sie erlaubten den Wissenschaftler:innen, mögliche Theorien zur Fortbewegung sowohl für ausgestorbene Organismen wie den *Orobates* als auch für einen Hochleistungs-Fisch, den Gelbflossen-Thunfisch, zu entwickeln. Daher wurden sie nicht einfach dazu verwendet, mögliche Hintergrundhypothesen zu testen, sondern vielmehr, um als geeignete Ziele für ihre Untersuchungen zu fungieren. Aufgrund der Knappheit der Daten und der Unmöglichkeit, direkten Zugang zu den untersuchten Phänomenen zu erhalten, wurden die Roboter, eingeschränkt durch eine Reihe von Parametern, die aus anderen physikalischen Modellen (wie beim Tunabot) oder durch eine morphologische Untersuchung verwandter Organismen (wie beim OroBot) gewonnen wurden, zum morphologischen Explanandum. Wie die Bioingenieurinnen Barbara Mazzolai und Cecilia Laschi feststellten, »werden bioinspirierte Roboter immer dann besonders nützlich, wenn es praktisch unmöglich ist, eine biologische Frage (auf nicht simulierte Weise) mit Hilfe eines beliebigen lebenden Organismus zu untersuchen«.[327] Roboter werden daher als konkrete Objekte verstanden, die gebaut werden müssen, um etwas zu verstehen, das sonst weder zugänglich noch manipulierbar wäre.

Durch das Studium der Morphologie können Biologen also den Form-Funktions-Komplex in vivo untersuchen, allerdings mit Hilfe von Robotern, die natürliche Prozesse biomimetisch darstellen. Auf diese Weise übernehmen Roboter neben den klassischen epistemischen Funktionen des Testens von Hypothesen und der

Validierung von Hintergrundtheorien eine weitere Funktion. Der Philosoph Edoardo Datteri nannte diese eine prädiktionsorientierte Aufgabe. Innerhalb dieser Aufgabe »ist es das Ziel der Roboter, das Verhalten des lebenden Systems vorherzusagen, dessen theoretisches Modell im Roboter implementiert ist«.[328] Darüber hinaus wird »das Verhalten des Robotersystems unter bestimmten Umständen als informativ für das Verhalten angesehen, das das Zielsystem unter ähnlichen Umständen zeigen würde«.[329] Ich stimme Datteri zu: Diese Apparate sind prädiktionsorientiert. Um diese Interpretation zu erweitern, würde ich außerdem argumentieren, dass in der von der Robotik inspirierten Biologie die Roboter ein morphologisches Szenario, den Form-Funktions-Komplex, konkretisieren, der sonst nicht erreichbar ist. Dieses roboterhaft vorgegebene Szenario ist das, was Biologen erforschen und kontrollieren wollen. Der hybride Umwelt-Roboter-Komplex wird zum Ziel der morphologischen Untersuchungen, da er darstellt, wie Form und Funktion in vivo zusammenwirken. Dies ist eine der Haupteigenschaften der von der Robotik inspirierten Morphologie des 21. Jahrhunderts: die Möglichkeit, mit einer sonst nicht gegebenen Erklärung zu experimentieren. Deshalb möchte ich Datteris Definition von nicht-interaktiven Robotern wie dem OroBOT und dem Tunabot erweitern, um ihre Funktion in morphologischen Untersuchungen besser zu definieren: »Indem man beobachtet, wie sich der Roboter in kontrollierten Versuchsanordnungen verhält, erwirbt man neues Wissen über das Zielsystem«[330], das nur durch die Konstruktion der Roboter zugänglich ist.

Dieser Punkt hat eine starke Konsequenz. Er betont die zentrale Rolle der Biomimetik in morphologischen Untersuchungen. Die Biomimetik hat eine hohe Relevanz bei den sogenannten interaktiven Robotern, die mit lebenden Systemen interagieren, und bei Robotern, die nur am Rande mit der Umwelt interagieren, wie etwa der OroBOT. Das Design von biomimetischen Maschinen, d. h. die von der Natur inspiriert sind, ist ein wesentlicher Schritt, um alle Parameter sichtbar zu machen, die die Struktur der Form beeinflussen. Die Biomimetik bietet den Ausgangspunkt für eine tiefere Untersuchung der morphogenetischen Dynamik.

Das Biomimetik-Prinzip, das dem Roboterentwurf zugrunde liegt, impliziert, dass der Prozess der Morphogenese auch auf die Entwicklung und das Design von Robotern angewandt werden sollte. Das bedeutet, dass »in verschiedenen ökologischen Nischen solche bioinspirierten Roboter zielgerichtete Morphologien und Fähigkeiten zur Aushandlung ihrer Umgebung entwickeln würden«.[331] Dies ist tatsächlich genau das, was die Bioingenieurin Mazzolai kürzlich gefordert hat. Zusammen mit ihrem Team entwickelte sie einen Roboter, der wie Pflanzenwurzeln aus der Spitze wächst (vgl. Kapitel 5). Durch diese Zugabe von Material ist der Roboter in der Lage, sich durch verschiedene Umgebungen zu bewegen.[332] Trotz des starken biomimetischen Ziels von Mazzolais Forschung könnte der Roboter dann zur Erforschung weiterer biologischer Phänomene eingesetzt werden, wie z. B. des Begriffs der Plastizität und der Beziehung zwischen Wachstum, Entwicklung und Bewegung.

Die von der Robotik inspirierte Morphologie hat tiefe historische Wurzeln, und diese Fallstudien enthüllen etwas Wichtiges über die Ursprünge der heutigen, auf der Robotik basierenden Morphologie und Biologie. Der Begriff der organischen Form, der von den Befürwortern einer solchen Robotik- basierten Morphologie vertreten wurde, war zutiefst technisch. Sie verstanden die organische Form als eine entstehende Anordnung verschiedener Faktoren, die wie eine Konstruktion aufgefasst werden konnte. Diese Bemerkung ist sowohl historisch als auch theoretisch wichtig, denn sie legt eine weitere Genealogie aus dem kantisch-romantischen Paradigma der Morphologie nahe. Dieses Paradigma, das u. a. dem Begriff der Gestalt und den der Form innewohnenden Eigenschaften einen hohen Stellenwert einräumte, wurde im 20. Jahrhundert von der organischen Biologie aufgegriffen. In jüngster Zeit wurde es als Rahmen für die bio-inspirierten Disziplinen wie Biomimetik und Bionik verwendet. Prägnant formuliert lautet ihr Motto »form follows nature«.[333] Als von der Natur inspirierte Wissenschaftler:innen teilte man auch die Idee, dass die Natur bei der Herstellung ihrer Formen technisch voranschreitet. Im Gegensatz zur ersteren Gruppe sind die letzteren Wissenschaftler:innen nicht an der Eigendynamik der Form interessiert, sondern ihr Ziel ist es, Konstruktionsanalysen zu entwickeln, um herauszufinden, wie die Teile von Organismen zu einer geordneten und vielseitigen Konstruktion synthetisiert werden können (wie der im ersten Kapitel beschriebene vierte Ansatz zur Morphologie darstellte). Dies ist das Grundprinzip, das es ermöglicht, »Beschreibungen biologischer Mechanismen in Beschreibungen robotischer Mechanismen zu kartografieren«[334] und somit Roboter biomimetisch zu konstruieren. Daher akzeptieren Morphologen, die von der Robotik inspiriert sind, wenn überhaupt, nur am Rande das »form-follows-nature«-Motto.

Diese unterschiedlichen theoretischen und historischen Wurzeln spiegeln sich deutlich in der Methodik von Nyakatura und Kolleg:innen wider. Die Wissenschaftler:innen kritisierten die Methoden, mit denen zuvor die Morphologie und Fortbewegung der *Orobates* untersucht worden waren. Nyakatura und Kolleg:innen hätten den Organismus nur aus einer eingeschränkten Perspektive analysiert; so berichteten die Wissenschaftler, dass sich die morphologischen Studien meist entweder auf die anatomischen Aspekte oder auf die biomechanischen Merkmale des *Orobates* konzentriert haben. Darüber hinaus haben sich die klassischen morphologischen Analysen nur mit den Spurenfossilien ausgestorbener Organismen befasst oder Form und Funktion zu leicht miteinander verbunden, ohne weitere Umweltfaktoren zu berücksichtigen. Umgekehrt verfolgten Nyakatura und Kolleg:innen »einen integrativen Ansatz, der die Vorteile dieser verschiedenen Strategien zur Rekonstruktion der Fortbewegung von Tetrapodenfossilien kombiniert«.[335] Dies ist eine klassische Methode, die von den Befürwortern des architektonischen Formansatzes gewählt wird (vgl. 1. Kapitel). Da die organische Form eine Konstruktion sein soll, also eine Anordnung von vielen Elementen, ist die Kombination von historischen mit strukturellen, funktionalen und umgebungsbedingten Elementen für das Verständnis der organisatorischen Eigenschaften der Form zwingend erforderlich.

Das Hauptmerkmal der von der Robotik inspirierten Morphologie des 21. Jahrhunderts ist daher ihr integrativer Ansatz. Um zu verstehen, was organische Form ist und wie sie sich im Laufe der Zeit verändert hat, sollten verschiedene Daten und Ansätze zusammengeführt werden. Die Morphologie wurde zu einer kollektiven Arbeit, die sich nicht auf eine einzelne Disziplin reduzieren lässt. Diese Entwicklung wiederum hat eine lange Geschichte und hat das geprägt, was von mir als das im 20. Jahrhundert bestehende Bedürfnis nach Morphologie bezeichnet wird.

Zwischenbilanz

Dieses Kapitel hat die Aufmerksamkeit auf die Mechanismen der Wissensproduktion der Robotik-inspirierten Morphologie des 21. Jahrhunderts gerichtet. Die Methodologie, auch wenn sie in enger Beziehung zu anderen ingenieurwissenschaftlichen Ansätzen der Morphogenese steht, unterscheidet sich von der Biomimetik und anderen von der Natur inspirierten Programmen, denn sie entwirft Roboter, die morphogenetische Prozesse biologisch untersuchen und direkt mit ihnen experimentieren. Mit anderen Worten: Die von der Natur inspirierte Robotik ist das Pendant zu der von der Robotik inspirierten Morphologie. Beide teilen die Idee, dass die natürliche Morphogenese technisch kontrolliert werden kann. Mit ihrem Ursprung im gleichen ingenieur- oder technikwissenschaftlichen Zugang zur Natur macht die von der Robotik inspirierte Morphogenese einen Schritt nach vorn. Sie sucht nicht nur nach einer technisch-wissenschaftlichen Kontrolle der Entwicklung möglicher Formen, sondern will diese auch erklären können.

Nach der Rekonstruktion und Analyse der von der Robotik inspirierten Morphologie kann nun der Fokus auf das gerichtet werden, was ich »eine zweite digitale Wende« in der Erforschung der Form nennen möchte. Diesen Ausdruck habe ich vom italienischen Architekturhistoriker Mario Carpo entlehnt. In einer einflussreichen Anthologie sowie einem kürzlich erschienenen Buch hat Carpo die technologischen Veränderungen identifiziert, die die Art und Weise, wie architektonisches Design in den letzten dreißig Jahren betrieben wurde, tiefgreifend verändert haben.[336] Die erste digitale Wende in der Architektur war durch den Einsatz digitaler Werkzeuge gekennzeichnet. Diese Umsetzung implizierte die Fähigkeit, Gebäude digital zu entwerfen, die »ohne [digitale Werkzeuge] weder hätten entworfen noch gebaut werden können«.[337] Die zweite und viel jüngere digitale Wende zeichnet sich durch die Verwendung großer Datenmengen und Datenkompression bei der Schaffung neuer Gestaltungsmöglichkeiten aus.

Bei der Untersuchung der organischen Form fand der erste *digital turn* in zwei Phasen statt: zuerst in den 1960er Jahren und danach zu Beginn des 21. Jahrhunderts. In den 1960er Jahren setzte der Paläontologe Dave Raup Computer ein, um einen virtuellen Raum zu schaffen und zu visualisieren, dass unter Berücksichtigung bestimmter physikalischer Parameter alle möglichen theoretischen Schalenformen erzeugt werden konnten. Dies war ein Wendepunkt in der morphologischen Forschung, da er die Möglichkeit der Visualisierung und Kontrolle der dynamischen Morphogenese mit sich brachte.[338]

In der zweiten Phase wurde zwischen Ende des 20. und Anfang des 21. Jahrhunderts mit der Einführung von CT-Scannern, 3D-Bildern und 3D-Drucken der morphologische Arbeitsablauf vollständig digitalisiert. Formen konnten nun virtuell manipuliert und simuliert werden. Darüber hinaus wurden Morphospaces und Computersimulationen eingesetzt, um die morphologischen Elemente einzugrenzen, die zu Formveränderungen beitragen können. Dadurch rückte die Morphologie näher an andere ingenieur- und technikwissenschaftliche Disziplinen heran.

Heute sind wir Zeugen einer zweiten digitalen Wende. Die simulierten und digitalisierten morphologischen Daten dienen lediglich als Ausgangspunkt für weitere technische Ausarbeitungen. Der Prozess der Morphogenese muss in seiner eigenen Umgebung untersucht werden, um möglicherweise alle Faktoren und Variablen zu beherrschen, die für die Morphogenese verantwortlich sind. In einem simulierten und virtuellen Szenario kann jede Variable, die am Form-Funktions-Komplex beteiligt ist, dargestellt werden. Während zum Beispiel viele der offensichtlichen Merkmale »eines lebenden Reizes in computeranimierten Bildern adäquat nachgeahmt werden können, können andere Merkmale wie Tiefe, Bewegung und Textur nicht gleichwertig dargestellt werden«.[339] Der Biologe Krause und seine Kollegen erklärten ausführlich die Einschränkungen, die mit Experimenten an 2D-simulierten Tieren verbunden sind. Fischarten können die Anwesenheit von Artengenossen in der Regel durch die Seitenlinie (über mechanische Reize) wahrnehmen, und die meisten Arten sozialer Insekten benötigen olfaktorische Reize zur sozialen Anerkennung. Visuelle Computersimulationen gibt es in der dritten Dimension einfach nicht. Tierinteraktionen »benötigen die physische Anwesenheit eines con- oder heterospecific Tieres, um zu kämpfen, sich zu paaren oder zu kooperieren, und diese Arten der Interaktion können naturgemäß nicht mit einem virtuellen Partner hergestellt werden und erfordern einen Roboter«.[340] Die zweite digitale Wende in der Morphologie ist durch die Koexistenz des Roboters, des Virtuellen und des Realen gekennzeichnet, um die Strukturen und die Dynamik der Form zu verstehen.

Was wird also das Erkennungsmerkmal der von der Robotik inspirierten Morphologie des 21. Jahrhunderts sein? Durch die Verwendung von Robotern als Ziele für ihre Untersuchungen verdeutlichten diese Analysen den Übergang von der Bio-Robotik oder von der Natur inspirierten Robotik zur Robotik-inspirierten Biologie. Dieser Übergang impliziert eine Überbrückung der Kluft zwischen Technologie und Natur. Formveränderungen sollten nun durch In-vivo-Untersuchungen (wie die klassische anatomische Dissektion von Thunfisch), in silico (wie z. B. durch CT-Scanner oder Computersimulationen) und schließlich wieder in einer hybriden und hoch-integrierten in-vivo-silico-robotischen Umgebung untersucht werden. Die vollständige Integration dieser methodologischen Schichten würde dazu beitragen, das strukturelle Zusammenspiel der Elemente zu veranschaulichen, das für die Formveränderung charakteristisch ist.

8. DIE WELT DER FORMEN

In einem im Jahr 2012 publizierten Aufsatz kritisierte der Historiker Fa-ti Fan das Konzept der Zirkulation des Wissens, das in einem statischen und metaphysischen Sinn verstanden wird. Insbesondere behauptet er, dass das Bild der Zirkulation irreführend sein könnte, da es dazu tendiere zu suggerieren, dass Menschen, Informationen und materielle Objekte gleichermaßen entlang von Netzwerken und Kanälen fließen. Die Betonung der Zirkulation scheint auf einen reibungslosen Fluss von morphologischem Wissen zwischen heterogenen Kulturen hinzuweisen. In dieser Bewegung, so argumentiert Fan, gibt es keine Reibung und keinen Raum für nicht-epistemische Faktoren, wie z. B. Politik, Wirtschaft, Werte usw.[341]

Allerdings hat sich in allen in diesem Buch analysierten Fallstudien für die Begegnung von Technik und Biologie durch die Konstruktion und Neupositionierung von biotechnischen Formen ein wesentlicher Faktor herauskristallisiert: Die Produktion von Wissen und biotechnischen Formen wird von einer politischen, ökonomischen und ethischen Ebene beeinflusst.

In diesem Kapitel werde ich auf diese Interaktion eingehen, indem ich zeige, wie eine Analyse der Zirkulation von Wissen, Praktiken und Technologien zwischen technischen und biologischen Disziplinen dabei helfen kann, die Rolle sozialer, ökonomischer und politischer Aspekte in der neueren Produktion von morphologischem Wissen im Detail zu betrachten.

Politik der Form

Wie in jeder wissenschaftlichen Tätigkeit spielt auch in der Morphologie des 20. und 21. Jahrhunderts und der damit verbundenen Überwindung der Grenzen zwischen dem Technischen und dem Biologischen die politische Dimension eine wesentliche Rolle. Es ist schwierig, die morphologische Forschung und den Begriff der

Form von dem zu trennen, was im 20. Jahrhundert geschah. So wurde beispielsweise im deutschsprachigen Raum der Begriff der Form – hauptsächlich verstanden als Goethe'sche Gestalt – durch ganzheitliche und organizistische Theorien interpretiert. Form, so die von Biologen und Philosophen entwickelte These (siehe auch Kapitel 1), war als mehr als die bloße Summe ihrer Teile zu verstehen. Diese Definition, die in Goethes und in der romantischen Philosophie wurzelte, wurde mit nationalsozialistischem Inhalt gefüllt und von Mitgliedern der nationalsozialistischen Partei unterstützt. Der Grund für diese Akzeptanz war zum einen der Bezug auf die glorreiche romantische Vergangenheit der deutschen Kultur, personifiziert durch Goethe. Zum anderen wurde die Vorstellung einer organischen Einheit der Elemente als Erkennungsmerkmal der Struktur des nationalsozialistischen Staates verwendet.

Eine emblematische Figur für diese Begegnung und Verflechtung von Politik und Morphologie ist Driesch. Wie im 1. Kapitel dargestellt, vertrat Driesch vitalistische Theorien, nach denen eine Kraft, die Entelechie, die Grundlage der organischen Entwicklung sei. Wie die Historikerin Anne Harrington herausstellte, wurde Driesch benutzt, um nationalsozialistische Theorien zu stützen. Ironischerweise, so Harrington weiter, habe sich Driesch selbst aber immer gegen nationalsozialistische Theorien und für pazifistische Ideale ausgesprochen. Der Psychologe Eckart Scheerer fügte hinzu, Drieschs »Entelechiehypothese [...] ermöglichte es ihm [...] seine biologisch-ganzheitstheoretische Weltanschauung mit humanistischem Geist zu erfüllen. Daß Lebewesen andere Lebewesen töten, hat er als Fehlleistung der Natur, als ›Wüten des triebhaften Lebensprinzips gegen sich selbst‹, bezeichnet und daraus die biologische Notwendigkeit der Vernunft abgeleitet. Von diesem ›biologischen Pazifismus‹ schlug er eine Brücke zum Pazifismus im Sinne bewußter politischer Stellungnahme.«[342]

Ein weiteres Element der Vermischung von Technik, Biologie und Politik ergibt sich aus der in Halle entwickelten Biotechnik. Wie erwähnt, unterstützten der Biologe Gießler und andere Wissenschaftler die Entwicklung der Biotechnik, weil sie in ihr eine Möglichkeit sahen, die Eigenschaften des *homo faber*, die die arische Rasse auszeichneten, zu verbessern. Oder vielmehr, um ein in der Forschung ausführlich behandeltes Beispiel zu nennen, wurden

Eugenik und Rassenzucht an der Schnittstelle von Technik und Biologie entwickelt, untermauert von jeweils unterschiedlichen politischen Idealen.

Nach dem Zweiten Weltkrieg bekam die Vermischung von Politik, Natur und Technik im deutschsprachigen Raum einen neuen Anstoß. Im Zuge der Entnazifizierung wurden mehreren Professoren sowohl der technischen als auch der biologischen Fakultäten und Fachbereiche von der Lehr- und Forschungstätigkeit suspendiert. Als Konsequenz daraus entstand nach dem Krieg ein anderer Ansatz zur Untersuchung technischer und biologischer Formen: Die von organisch orientierten Biologen und Philosophen vertretene Form-Gestalt-Äquivalenz verlor erheblich an Bedeutung und wurde schließlich ad acta gelegt. So wurde der prestigeträchtigste Lehrstuhl für Paläontologie in Deutschland, und zwar in Tübingen, mit Otto Heinrich Schindewolf (1896–1971) besetzt, einem Paläontologen, der sich gegenüber seinen amerikanischen Kollegen mehrfach kritisch zu nationalsozialistischen Theorien geäußert hatte. Der Paläontologe verteidigte einen alternativen Begriff von Form und wissenschaftlicher Forschung. Er versuchte, eine Synthese zwischen den verschiedenen Disziplinen Biologie, Geschichte und Philosophie fruchtbar zu machen und betonte das quantitative und nicht nur qualitative Studium der Formen. Schindewolfs Ideen und Methoden hatten einen wirkmächtigen Einfluss auf die Entwicklung der Formlehre und die Nivellierung der Grenzen zwischen Natur und Technik in der zweiten Hälfte des 20. Jahrhunderts.

Die politische Dimension der Epistemologie ist daher zentral für das Verständnis der Bewegungen, durch die technisches Wissen und Praktiken in das Studium biologischer Formen transferiert wurden und umgekehrt.

Ökonomie der Form

Ein weiteres Element, das die Überwindung der Grenzen zwischen Technik und Natur im 20. und 21. Jahrhundert kennzeichnet, ist die wirtschaftliche Komponente. Das Studium der Form hat je nach den vorhandenen wirtschaftlichen Interessen unterschiedliche und anhaltende Bedeutung erlangt. So wurde beispielsweise die Biotechnik im deutschen Kontext entwickelt, um die vom nationalsozialistischen Regime geplante wirtschaftliche Expansion voranzutreiben.

Eine ähnliche wirtschaftliche Notwendigkeit liegt den jüngsten Entwicklungen in der digitalen Gestaltung zugrunde. Nachhaltigkeit ist das Schlagwort, das die biotechnische Forschung in verschiedenen Bereichen leitet. Zum Beispiel erforschte das von dem Architekten Oliver Tessmann an der TU Darmstadt geleitete Fachgebiet »Digital Design Unit« mithilfe von digitalen Technologien und rechnergestützten Gestaltungsverfahren neue Methoden und Prozesse für eine ressourceneffiziente Kreislaufwirtschaft in der Architektur.

Die Grundidee basiert auf der alten Praxis der Wiederverwendung (Spolien). Wiederverwendung bedeutet in der Architektur und Kunstgeschichte das Recycling von altem Material in neueren Konstruktionen. Ausgehend von dieser Praxis, die die gesamte Architekturgeschichte geprägt hat, schlägt Tessmann (zusammen mit Studierenden und Mitarbeitenden) die Idee vor, dass in Zukunft Bauteile wiederverwendet werden sollen, um Energie und Ressourcen zu sparen. Industriell und massenhaft gefertigte Bauteile werden dann nicht mehr das kostengünstigste Baumaterial sein, sondern es sollen immer mehr Schrott, Abbruchmaterialien und demontierte Elemente zur Verwendung kommen. Um Nachhaltigkeit und Effizienz in die Kreislaufwirtschaft von architektonischen Ressourcen und der Umwelt zu bringen, erforschen Tessmann und Kolleg:innen einen digitalen Ansatz für architektonische Formen. Zunächst werden die Gebäude gescannt. Mit dem Scannen lassen sich Gebäude abbilden und Bauelemente wie Stützen, Unterzüge und Decken nachzeichnen. Diese können digital erfasst und wieder in kleinere Module unterteilt werden. Diese kleineren modularen Einheiten sind als Strukturelemente zu konzipieren, die für den Bau neuer Gebäude wiederverwendet werden können. Tessmann und Kolleg:innen überlassen dann Robotern die Aufgabe, die modular klassifizierten Materialien zu schneiden und umzuformen. Diese schneiden die Elemente präzise aus und die fehlenden Teile werden durch Formen, die von 3D-Druckern gedruckt werden, integriert.[343]

Auch die Umsetzung von organischen Formen und Strukturen in technische Systeme wurde durch ökonomische Anforderungen unterstützt. Wenn technische Artefakte in der Lage wären, biologische Mechanismen auszunutzen, könnten Formen und Materialien geschaffen werden, die die Arbeitskapazität maximieren und die Energiedissipation minimieren.

Ein emblematisches Beispiel für diese Begegnung ist die Struktur und Funktionalität von Tannenzapfen. Wie in der Einleitung dieses Buches erwähnt, ändert sich die Form eines Tannenzapfens in Abhängigkeit von der Luftfeuchtigkeit: In einer trockenen Umgebung schließt sich der Zapfen, in einer warmen Umgebung öffnet er sich. Diesen Mechanismus in die Produktion von architektonischem Design übertragend, haben Achim Menges und Kollegen eine Installation namens »HygroScope« entwickelt. Diese wurde im Centre Pompidou ausgestellt. Die Installation ist ein selbstregulierendes, wetterfühliges architektonisches System und doch besteht das Objekt aus einem überraschend einfachen System:

Beruhend auf der Wirkungsweise biologischer Systeme reagiert die Installation auf Klimaveränderungen in der sie umgebenden, raumgroßen Vitrine durch selbsttätige Formveränderungen des Materials. Die hygroskopischen Eigenschaften von Holz werden auf neuartige Weise als dem Material innewohnender Sensor und Motor genutzt, der die Struktur in Abhängigkeit von der sie umgebenden Luftfeuchte automatisch öffnet und schließt.[344]

Form, Struktur und Raum entwickeln sich dabei durch die komplexen Wechselwirkungen zwischen Geometrie, Material, Funktion und Umwelt in einem integrativen Prozess der Formwerdung, also der Morphogenese. »Diese Bewegungen und Anpassungen an sich verändernde Umweltbedingungen kommen ohne jegliche Mechanik, Elektronik oder zusätzliche Energie aus. Das Material selbst ist die Maschine«, heißt es in der Installation HygroScope.[345]

Diese wirtschaftlichen Anforderungen, die im 20. und frühen 21. Jahrhundert auf verschiedene Weise zum Ausdruck kamen, wurden in einer Reihe von Berichten für das deutsche Forschungsministerium zu Papier gebracht. Auf diese Weise wurde der Zusammenhang zwischen Wirtschaft und Politik deutlich herausgestellt – so zum Beispiel in mehreren BMBF-Broschüren und

Prospekten, die die Verwirtschaftlichung der Bionik in den Fokus rücken.

Macht der Form

Eine davon möchte ich besonders hervorheben, und diese betrifft das eigentliche Prinzip der Gestaltung, welches auch dem Prozess der Wissenszirkulation zugrunde liegt.

Der sogenannte ingenieurwissenschaftliche oder konstruktive Ansatz zur Evolution sowie der umgekehrte biologische Ansatz zur technischen Form brachten zwar eine Reihe von praktischen und philosophischen Problemen mit sich, aber auch einige erkenntnistheoretische Stärken. So war dieser Ansatz beispielsweise durch den Begriff der gut angepassten Formen als teleologisch kritisiert worden. Das war das berühmte Argument für Design, das vom englischen christlichen Apologeten und Philosophen William Paley (1743–1805) entwickelt wurde, ebenso wie weitergehende reduktionistische und materialistische Gedanken, wie sie vom französischen Philosophen Julien Offray de La Mettrie (1709–1751) und anderen radikalen Materialisten geäußert wurden.[346]

Nach diesem Argument wären die in der Natur nachweisbaren perfekt angepassten Formen ein klarer Beweis für die Existenz eines fähigen Konstrukts, und ein Konstruktor wäre dann für die Perfektionierung der Formen zuständig. Dieses Argument wurde von Paley und anderen verwendet, um teleologische Ideen zu unterstützen. Das heißt, der Erbauer wurde als das göttliche Prinzip identifiziert, das dem großen Werk der theologischen und formgebenden Arbeit einen Sinn geben würde. Neben diesen theologischen Implikationen, die in der gegenwärtig in Nordamerika so populären Idee des Intelligent Designs zum Tragen kommen, gibt es noch einen weiteren Punkt, der zu beachten ist. Die Möglichkeit der Fabrikation und der konstruktive Entwurf angepasster und anpassungsfähiger Formen spiegeln eine optimistische Haltung gegenüber den technischen Möglichkeiten des Menschen wider. Der Mensch selbst wird als Baumeister gesehen, der fähig ist, gut angepasste Formen zu entwerfen und zu schaffen, indem er sich an den Prinzipien orientiert, die die natürliche Morphogenese leiten, und diese auch versteht. Dies repräsentiert das Bild, das der heutige Mensch von der Technik hat. Auf der einen Seite stehen die kognitiven Fortschritte, in denen die technologische Seite und die des Wissens richtig wissenschaftlich dargestellt ist (wie von den Anhängern der *technoscience* verstanden). Die andere Seite wird durch die Fähigkeit des Menschen repräsentiert, Formen und die natürliche Umgebung zu modellieren. Diese Fähigkeit muss im Rahmen von Parametern, wie Verantwortung und die Grenzen des menschlichen Schaffens, integriert werden, die mit der Macht der Technik und der Zirkulation des Wissens zwischen Biologie, Philosophie und Design verbunden sind. So zeigt sich die Macht der Form in ihrer ganzen Übermacht, wie sie neue Wege des Wissensübergangs und des interdisziplinären Kontakts ermöglicht, aber auch wie sie den Menschen angesichts großer Umweltkrisen (z. B. des Anthropozäns oder der Covid-Pandemie im Jahr 2020) in die Verantwortung nehmen muss, biotechnische Lösungen für vom Menschen geschaffene Probleme zu finden. Mit anderen Worten: Morphologische Forschung und die Zirkulation von Wissen zwischen den Disziplinen müssen auf einer sorgfältigen historischen Untersuchung der Werte basieren, die diese Zirkulation leiten und geleitet haben.

Werte der Form

Werte spielen bei der Etablierung und Zirkulation von morphologischem Wissen eine grundlegende Rolle. Das zeigt sich beispielsweise bei ethischen Problemen wie die Verwendung von Labortieren, um die Struktur und Funktion von Formen im Tierreich zu studieren – und diese dann in das architektonische und ingenieurtechnische Entwurfssystem zu transportieren. Mit der Einführung einer tiefergehenden Technisierung der Biologie, z. B. durch den Einsatz von Robotik, scheint dieses Problem teilweise gelöst zu sein. In diesem Fall hat die Technologisierung der Biologie nicht nur auf ein von einem Wert diktiertes Bedürfnis reagiert (das Leben von Tieren zu schützen), sondern hat auch eine größere Zirkulation von Praktiken und Wissen zwischen verschiedenen Disziplinen ermöglicht. Durch die Biorobotik berührt und überschneidet sich die Biologie der Lebewesen mit der Paläontologie, also der Erforschung von Formen, die prinzipiell indirekt untersucht werden.

Neben der Möglichkeit, respektvolle morphologische Forschungen an tierischen Lebensformen durchzuführen, haben andere Werte den Austausch von Informationen, Technologien und Wissen zwischen Biologen und Architekten geprägt und ermöglicht, etwa die pazifistischen Werte in der Zeit nach dem Zweiten Weltkrieg. So hat der amerikanische Architekt Richard Buckminster Fuller (1895–1983) das Studium der biotechnischen Formen fortgesetzt, um humanitäre und pazifistische Ideale zu etablieren.

Buckminster Fuller ist nur ein prominenter Fall unter den vielen Architekten, Ingenieuren und Biologen, die versuchten, durch pazifistische Werte und Kritik an der kapitalistischen Gesellschaft den nach dem Zweiten Weltkrieg aufkommenden Innovationsdrang zu kanalisieren. In der zweiten Hälfte des 20. Jahrhunderts wurde der biotechnische Ansatz von Biologen und Architekten als Lösung für den Wiederaufbau der Nachkriegszeit diskutiert. Ein emblematischer Fall ist die Diskussion, die die Aktivitäten des SFB 64 in Stuttgart leitet. In einer Reihe von Vorträgen stellten sich Biologen, Ingenieure und Architekten die Frage, wie Gebäude so gestaltet werden können, dass sie den Bedürfnissen des modernen Menschen – und insbesondere den pazifistischen Bedürfnissen – gerecht werden. Zentral bei dieser Diskussion war der Umweltbegriff sowie die Definition des ›Menschen‹. Helmcke hat sich mit diesen Begriffen ausführlich beschäftigt. Auf der Tagung, die den Start des SFBs markierte, ging er ausführlich auf diese Konzepte ein – und beförderte damit das Interesse an diesem Begriffspaar. Er definierte das Milieu als »ein Summenbegriff für eine unfaßbare Fülle von Faktoren, die sich stets in ihrer Zusammensetzung ändern und immer in ihren Intensitäten schwanken. Das Milieu ist daher ebenso wechselhaft wie die Veranlagungen der Individuen oder so wandlungsbereit.«[347]

Ausgehend von dieser Definition des Milieus erweiterte Helmcke die Perspektive um die ›innere Umwelt‹ des Menschen: »Der allen Menschen gemeinsame Bauplan äußert sich darin, daß alle Menschen Lungen, Herzen, Fingernägel usw., d.h. die gleichen Gewebe- und Organtypen haben. Sie alle atmen Luft ein und sind auf pflanzlich-tierische Nahrung angewiesen. Ihr Stoffwechsel vollzieht sich nach denselben chemischen Prozessen.«[348] Diese Beobachtung nutzte Helmcke, um die humanitären Ideale hervorzuheben, die sich aus der morphologischen und funktionellen Gleichheit aller Menschen ergeben sollten. Er schrieb: »Es wäre daher anzunehmen, daß alle Menschen auch dieselben Ansprüche an das Milieu stellen, und daß sie alle in derselben Weise auf die jeweiligen Umweltreize reagieren würden.«[349]

Die Zusammenarbeit zwischen Biologie und Architektur kann somit die Entwicklung der menschlichen Gesellschaft nach dem tiefen Zustand der Krise und Ungleichheit, welcher durch den Zweiten Weltkrieg implementiert wurde, unterstützen.

Ähnliche pazifistische und versöhnliche Ideen wurden von Frei Otto geäußert. Auf der gleichen Konferenz sagte Otto, dass »[die] heutigen Probleme […] so groß [sind], daß Einzelne sie nicht mehr bewältigen können. Die friedliche Baukunst auf der einen und die Kriegskunst auf der anderen Seite waren und sind die Motoren aller technischen und praktischen Wissenschaften.«[350]

Da die Architektur den Lebensraum des Menschen zum Gegenstand hat, muss sie notwendigerweise Beziehungen zur Biologie haben, damit das »Umweltproblem« weniger »lebensfeindlich« wird.

Mit anderen Worten setze Otto fort, »[fragen] die Architekten […] nach der für den Menschen besten, friedlichen, aber anregenden Umwelt. Sie wissen die Antwort nicht.«[351] Deswegen schlussfolgerte Otto, dass »[die] Kontakte zwischen Biologie und dem Bauen […] eine unabdingbare Forderung unserer Zeit [sind]«.[352]

Es muss angemerkt werden, dass die Stuttgarter Architekten und Biologen nicht die einzigen waren, die die tiefgreifende Notwendigkeit betonten, dass Biologie und Architektur sich den wirtschaftlichen und sozialen Herausforderungen der Nachkriegszeit stellen müssen.

Der Historiker Philipp Sarasin hat in seinem Aufsatz »Was ist Wissensgeschichte?« auf die Notwendigkeit hingewiesen, »die *gesellschaftliche Produktion und Zirkulation von Wissen*«[353] für die Begründung der Wissensgeschichte zu untersuchen. Das bedeutet nicht, dass »sich Wissen schrankenlos ausbreitet und überall gleichmäßig verteilt ist – das wäre eine ebenso naive wie absurde

Annahme –, es heißt aber, dass Wissen in seinem ›Funktionieren‹ auf Zirkulation angewiesen ist, dass es auf ›Anstöße‹ aus anderen Wissensfeldern aus unterschiedlichen sozialen Räumen reagiert, an anderen Orten wieder aufgegriffen und dabei umgeformt wird«.[354] Die Fokussierung auf die Zirkulation von Wissen ebnet demnach weder die Asymmetrien zwischen Kräften und Mächten ein noch bringt sie die ökonomischen und sozialen Faktoren, die den Prozess kanalisieren, zum Vorschein. Im Gegenteil, wie in diesem Kapitel skizziert wurde, zeigt die Zirkulation von Wissen alle Grenzen, Kontingenzen und Blockaden auf, die während des Prozesses auftreten. Dieser Zugang zur Dynamik der Wissensproduktion wirft Fragen auf, die zwar vorwiegend in der Global- und Kolonialgeschichte gestellt werden, aber auch in der Wissenschaftsgeschichte und -theorie diskutiert werden müssen. Die erste betrifft die Eigenschaft der Grenzüberschreitung zwischen dem Biologischen und dem Technischen: Wem gehören die neuen biotechnischen Formen, und für wen werden sie produziert? Wem gehören z.B. die Elemente der Tiefenzeit, die durch neue Technologien visualisiert werden können (z.B. die in einer ehemaligen deutschen Kolonie ausgegrabenen Reste eines Dinosauriers), oder Wohnmodule, die auf theoretischer Grundlage biologischer Formen gebaut werden können?

Nimmt man die Zirkulation von Wissen als Analysemethode, werden Fragen des Eigentums und der Hierarchien der Kräfte zu einer immanenten Frage des Prozesses der Wissenszirkulation selbst. Damit eine Zirkulation stattfinden kann, muss es einen Ausgangspunkt geben, von dem ausgehend die Bewegung der Zirkulation stattfinden kann. Diese trifft dann auf andere Kulturen und vermittelt so unterschiedliche Interessen und Werte. Der in diesem Buch dargelegten Methodik folgend geht es nicht darum, diese Prozesse und Werte zu klassifizieren, zu hierarchisieren und zu hypostasieren, sondern auf dynamische Weise zu betrachten, wie sie von einer wissenschaftlichen Gemeinschaft zur anderen übergehen und wie sie sich im Laufe der Zeit verändern.

Wie bereits erwähnt, läuft der Zirkulationsprozess nicht ohne Reibung ab. Entsprechend haben bereits viele Wissenschaftler all die Komplexitäten und Widersprüche aufgezeigt, die den Prozess des Entwerfens und Erstellens von Designprodukten ausmachen.

Der französische Philosoph Jacques Ellul (1912–1994) beispielsweise übte scharfe Kritik an den optimistischen Visionen, die mit der Technologie und der möglichen Entwicklung technowissenschaftlicher Disziplinen oder der Wissenschaft 2.0 verbunden waren. In seinem Buch *Le bluff technologique* (1988) vertritt er die Ansicht, dass die Meinung, die Technik sei die Antwort auf die Bedürfnisse der Menschheit, in Wirklichkeit die vielen epochalen Fehlschläge verdeckt, die die menschliche Geschichte geprägt haben. Die Technik, so Ellul weiter, wird daher überschätzt und laufe Gefahr, ein verzerrtes Bild des Menschen und seiner existenziellen Zerbrechlichkeit zu vermitteln. Auf diese technologiekritische Sichtweise folgt bei Ellul ein Kommentar über die Schwierigkeit, technologische Entwicklung und Ethik zusammenzubringen. Der französische Philosoph behauptet, dass in der technologischen Entwicklung die Überraschung und das Unerwartete Konstanten seien. Es sei daher praktisch unmöglich, die potentiellen Folgen der technologischen Entwicklung vorherzusagen. Sie habe ein Eigenleben und entziehe sich der Kontrolle durch den Menschen.

Auf diese Vorwürfe der Unvorhersehbarkeit (und damit der Gefahr) der technologischen Entwicklung einerseits und auf die Beobachtung der tiefgreifenden Aufladung von Werten, die in den Prozessen der Konstruktion und des technologischen Designs vorhanden sind, andererseits sind viele Lösungen vorgeschlagen worden. Zum Beispiel haben Batya Friedman, Peter H. Kahn und Alan Borning »Value Sensitive Design« als »einen theoretisch fundierten Ansatz für das Technologiedesign« beschrieben, »der die menschlichen Werte während des gesamten Designprozesses vollständig und primär berücksichtigt«.[355] In jeder Phase des Design- und Konstruktionsprozesses stellen Ingenieure Fragen zu den Arten von Werten (wirtschaftlich, politisch, ethisch usw.), die am Werk sind, und versuchen, diese Werte zu kontrollieren, bevor das Produkt auf den Markt gebracht werden kann. Im Falle der in diesem Buch besprochenen Erforschung und Produktion von Formen sollten sich die Wissenschaftler beispielsweise fragen, welche Werte durch die Auf- und Ausstellung von fossilen Dinosaurierfunden, die in einer ehemaligen Kolonie ausgegraben und im Museum der deutschen Hauptstadt ausgestellt werden, vermittelt werden können. Diese Werte, die sicherlich durch das politische Klima der ersten

Jahrzehnte des 20. Jahrhunderts geprägt waren, können durch den Einsatz der in Kapitel 6 beschriebenen neuen Technologien anders vermittelt werden. Hier also kann der Value-Sensitive-Design-Ansatz Wissenschaftlern helfen, verantwortungsvolle Entscheidungen darüber zu treffen, wie sie Forschung betreiben, wie sie neue Technologien implementieren und wie sie die Grenzen zwischen dem Technischen und dem Biologischen aufheben können.

Verbunden mit der Frage nach verantwortungsvollem Design ist die Frage, ob technische werthaltige Produkte auch moralische Agenten sind. 2006 hat der Philosoph James Moor eine nützliche phänomenologische Unterscheidung vorgeschlagen, die uns helfen könnte, dieses Dilemma zu schildern. Sein Ausgangspunkt ist, dass »man Computertechnologie nicht nur in Bezug auf Designnormen (d. h. ob sie ihre Aufgabe richtig erfüllt), sondern auch in Bezug auf ethische Normen bewerten kann«.[356] Er unterscheidet vier Kategorien, nach denen mögliche Artefakte als moralische Agenten angesehen werden können.

Die erste Ebene sind die »ethical-impact agents«[357]. Alle technologischen Produkte tragen einen möglichen ethischen Wert in sich. Sogar ein Mobiltelefon, ein soziales Netzwerk, ein Computer kann das Subjekt, das sie benutzt, tatsächlich dazu bringen, bestimmten ethischen Werten zu folgen und andere zu ignorieren. Die zweite Ebene ist das, was Moor als »implicit ethical agents«[358] bezeichnet. »Wenn man Ethik in eine Maschine packen will«, fragte sich Moor, »wie würde man das machen?«[359] In diese Kategorie fügt der englische Philosoph alle Artefakte ein, die gebaut wurden, um ethischen Werten zu folgen. Zum Beispiel ist eine Software, die verhindert, dass nicht authentifizierte Personen auf ein Online-Banking-System zugreifen können, ein implizites ethisches System. Es wurde so programmiert, dass es diesen und nur diesen Werten folgt. Die dritte Kategorie ist die der »explicit ethical agents«[360]. Diese Artefakte wurden gebaut, um mit Hilfe von Algorithmen und einem System von KI über bestimmte Situationen ›nachzudenken‹. Das klassische Beispiel ist das autonome Auto; in diesem Fall kann das Auto, das einem Algorithmus folgt, verschiedene Situationen beurteilen und bei Bedarf ethisch korrekt reagieren. Die letzte Kategorie ist die der »full ethical agents«[361], die, wie der Mensch, einen freien Willen haben. Diese Kategorie, so argumentiert Moor, sei noch leer, aber wenn technologische Produkte in der Lage wären, explizite ethische Urteile zu äußern, und generell die Fähigkeiten hätten, diese so vernünftig zu begründen wie Menschen, dann könnte auch diese Kategorie gefüllt werden.

Diese Unterscheidungen können uns helfen, die Dynamik zu thematisieren, die die Zirkulation von Wissen und morphologischen Praktiken und deren Friktionen charakterisiert. Ethische Werte müssen auch bei der Gestaltung von Formen berücksichtigt werden. Nicht nur Artefakte können bestimmte Werte beinhalten, sondern auch der Designer muss sich seiner Verantwortung bewusst sein, dass er bestimmte Werte explizit und sichtbar machen und in seine Designarbeit einfließen lassen kann, oder auch nicht. Im Falle der morphologischen Forschung des 20. Jahrhunderts ist diese Transposition noch komplexer, da die Produktion biotechnischer Formen nicht nur auf der Umsetzung technischer und architektonischer Ideen und Projekte beruht, sondern dieser Prozess aus den Strukturen und der Dynamik organischer Formen entsteht – und umgekehrt. Das bedeutet, dass ausgehend von den evolutionären Prinzipien und Mechanismen, nach denen in der Natur kein teleologisches oder ethisches Projekt zu finden ist (Evolution hat kein Ziel, und die Entwicklung von Formen bedeutet nicht deren Verbesserung, sondern basiert auf zufälligen Mutationen), Wissenschaftler und Ingenieure danach streben, Formen zu entwerfen, die implizit und explizit ethische Werte vermitteln. Ein Beispiel für Ersteres sind Formen, die auf eine gewisse Nachhaltigkeit der Materialien ausgelegt sind. Der Produktionsweise und den hergestellten Formen, die von der natürlichen Morphogenese inspiriert sind, sind demnach eine Reihe von Werten implizit. Explizit dagegen manifestieren die in der biologischen Forschung eingesetzten Roboter, die u. a. In-vivo-Experimente oder die Zugänglichkeit von in kolonialen Kontexten ausgegrabenen Fossilien vermeiden sollen, oder aber, aus einer anderen Perspektive, die in Halle mit nationalsozialistischen Intentionen konzipierten Bionik-Projekte, andere und antithetische ethische Werte.

Ein weiterer Punkt, der aus dieser Analyse der Zirkulation von Wissen hervorgeht, ist demnach die Rolle von Werten, vor allem ethischen Werten, bei der Produktion von bio-technischen Formen. Wie der Philosoph Thomas Potthast und andere Wissenschaftler:innen hervorgehoben haben[362], steht das ethisch-epistemische Hybrid im Zentrum der Wissensproduktion.

Der letzte Punkt, der hier noch thematisiert werden soll, betrifft die allgemeineren Folgen der Auflösung von disziplinären Grenzen. Bereits 1950 war der Kybernetiker Wiener sehr besorgt über die zunehmende Rolle von Automatisierung und Maschinen in Industrie- und Produktionsprozessen. Er argumentierte, dass neue Technologien und Automatisierungsprozesse zu zunehmenden sozialen Spannungen und folglich zu einem drastischen Anstieg der Arbeitslosigkeit führen würden. Maschinen würden die manuelle Arbeit verdrängen und eine Vielzahl von Arbeitslosen hervorbringen. Diese These wurde u. a. durch ein Buch von Frey und Osborne aus dem Jahr 2012 und insbesondere durch den OECD Employment Outlook 2019 mit dem Titel *The Future of Work* aufgegriffen und erweitert. Diesem Bericht zufolge werden innerhalb weniger Jahrzehnte viele Arbeitsplätze durch die wachsende Rolle der Automatisierung vollständig verdrängt. Die neuere morphologische Forschung und ihre konsequente Entgrenzung muss diese Prozesse hinterfragen, um in ihrem Gestaltungsprozess die möglichen Wirkungen und Auswirkungen dieser Forschungsformen auf die Gesellschaft zu berücksichtigen. Einmal mehr muss sich also der Kreislauf des Designs mit den politischen, sozialen und ethischen Interessen auseinandersetzen, in die es de facto eingebettet ist. Natur- und ingenieurwissenschaftliche Forschung ist wiederum immer und nur situiert: Sie ist das Produkt diagonaler Bewegungen, die weltliche und konkrete Orte durchkreuzen.

SCHLUSSBEMERKUNGEN

Wissensforschung als integratives Verfahren

In diesem Buch wurden einige der Prozesse und Voraussetzungen erforscht, die die Zirkulation von Praktiken, Wissen und Technologien zwischen technischen und biologischen Disziplinen ermöglicht und gefördert haben. Das Ergebnis dieser Wissenszirkulation ist die Überschreitung der Grenzen zwischen Biologie und Technik – oder, konkreter gesagt, zwischen natürlichen und technischen Formen. Der Fokus auf die Zirkulation von morphologischem Wissen war grundlegend, um Konzepten, die zur Untersuchung von Formen verwendet werden, Konkretheit zu verleihen. So konnten Methoden, die sowohl von Architekt:innen als auch von Biolog:innen und Philosoph:innen verwendet wurden, problematisiert und ihre Grenzen und Wissensansprüche hinterfragt werden.

In diesen Schlussbemerkungen möchte ich über weitere erkenntnistheoretische Aspekte und methodischen Möglichkeiten nachdenken, die die Untersuchung der Zirkulation von Wissen bietet. Zuerst einmal zeigen die Kapitel dieses Buches, dass realistische Auffassungen von Wissensproduktion, die immer noch die Geschichte und Philosophie der Wissenschaft prägen, unhaltbar sind. Würde man diesen Positionen folgen, würden die Welt und die Natur unabhängig von den Praktiken, Technologien und dem Wissen existieren, durch die man sie erkennt. Es gäbe also einen absoluten Hiatus zwischen der Welt und dem wissenden Subjekt. Außerdem gäbe es eine klare Trennung zwischen Technik und Natur.

Wie die Analyse einiger Fallbeispiele der Auflösung der Grenzen zwischen Technik und Biologie gezeigt hat, ist das, was mit dem Computer generiert und simuliert werden kann, genauso real wie die Form eines Tiers während seiner natürlichen Entwicklung: Zwischen diesen beiden Formen gibt es keinen Hiatus, sondern eine Kontinuität[363]. In einem Prozess der permanenten Zirkulation wird z.B. die Form eines Seeigels in die Architektur transportiert und zum Bau eines Pavillons verwendet. Die Module, aus denen dieser Pavillon besteht, werden am Computer simuliert und produziert, bevor sie durch einen 3D-Drucker materialisiert und per Roboter zusammengefügt werden. Die Struktur und Funktionalität des Pavillons wird dann wiederum von Biologen genutzt, um zu verstehen, wie ein Seeigel eigentlich seine Form annimmt und mit seiner Umgebung interagiert. In diesem kontinuierlichen Kreislaufprozess verschmilzt das Virtuelle mit dem Realen. Die natürliche Morphogenese wird virtuell und die Technik übernimmt den »Charakter des Ent-deckens als eines Aufdeckens: Es wird damit ein an sich bestehender Sachverhalt aus der Region des Möglichen gewissermaßen herausgezogen und in die des Wirklichen verpflanzt«[364]. Diese ›Verpflanzung‹ wird durch einen technischen Zugang zu morphogenetischen Prozessen ermöglicht, in dem organische und technische Formen sich wechselseitig austauschen und miteinander verschmelzen.

Dies impliziert, dass es bei der Untersuchung der biotechnischen Kultur unter Aufgabe der realistischen Theorien über die Produktion von wissenschaftlichem Wissen um die Analyse der Prozesse geht, durch die Daten zu epistemischen Objekten werden können. Mit anderen Worten: Die materiellen, sozialen, ökonomischen Bedingungen, die den Übergang von der Darstellung der Formen der Natur zu ihrer technischen Präsentation ermöglichen, sind der Fokus, auf den sich die Untersuchung der Wissensproduktion und -geltung konzentrieren soll. Bei diesen Unterscheidungen zwischen Präsentation und Repräsentationen stütze ich mich auf Daston und Galison. Wie sie es ausdrücken, geht es bei der Präsentation »nicht mehr notwendigerweise darum, das zu kopieren, was bereits existiert – stattdessen wird sie Teil eines Coming-in-Existence«.[365]

Zweitens ist die Rolle der Materialität bei morphogenetischen Prozessen von zentraler Bedeutung. Die Materie spielt eine aktive Rolle, denn durch in ihr selbst innewohnende Gesetze diktiert sie, was erscheinen kann. Der Begriff der Zwänge ist daher wesentlich, um zu verstehen, wie sich mögliche Formen entwickeln können. Beschränkungen ermöglichen oder verneinen die mögliche Zusammensetzung neuer Formen. Diese entstehen, indem man den materiellen Strukturen folgt, die an allgemeinere physikalische Gesetze gebunden sind. Das gleiche Konzept basiert auf der sogenannten autonomen Architektur und der computerbasierten Gestaltung des 21. Jahrhunderts. Wie Architekt Achim Menges, einer der wichtigsten Vertreter der heutigen digitalen Gestaltung, notiert, »Form, Struktur und Raum entwickelt sich dabei durch die komplexen Wechselwirkungen zwischen Geometrie, Material, Funktion und Umwelt in einem integrativen Prozess der Formwerdung«, also der Morphogenese.[366] Die Morphogenese wird daher durch eine Materialsynthese erreicht. Kurz und provokant gesagt, »Materie ist Form«. Sie schreibt die Rahmenbedingungen der Formentwicklung zu[367].

Drittens impliziert der Begriff der materiellen Einschränkungen und seiner möglichen Komponierbarkeit eine Rückkehr zu teleologischen Konzepten, die ein gewaltiges philosophisch-historisches Gewicht haben – vor allem auf den Kant'schen Begriff der »Zweckmäßigkeit ohne Zwecktätigkeit«[368]. Dieser ist der implizierte metaphysische Kern, der sich in diesen technischen Zugängen zur Form verbirgt. Wie Francé klar und deutlich sagt, sind Formen Organismen, in denen eine intrinsische Zweckmäßigkeit zu sehen ist. Dieses teleologische Konzept fungierte zu Beginn des 20. Jahrhunderts als epistemisches Paradigma bei der Formulierung neuer bio-technischer und evolutionärer Forschungsprogramme.

Dieser wesentliche Aspekt brachte Wissenschaftler und Philosophen am Anfang des 20. Jahrhunderts dazu, die klassische Cartesianische Analogie zwischen Organismus, i.e. organischer und organisierter Form, und Maschine aufzugeben. Im Gegenteil, es wurde eine neue Definition der Form vorgeschlagen: Sie muss als architektonische Konstruktion verstanden werden. 1922 wurde dies prägnanter definiert: »Konstruktion heißt […] ein Nebeneinander von Teilen, die aufeinander abgestimmt sind, miteinander *harmonieren*. Der Begriff des Harmonisierens ist […] besonders wichtig. Er ist zu einem Zentralbegriff der Biologie geworden.«[369]

Aus verschiedenen Perspektiven wird daher der Begriff der organischen Form in seiner Ganzheit als organisch und harmonisch verstanden. Das bedeutet nichts anderes, als dass die zu harmonisierenden Teile einer Form einige Grundregeln der Komposition oder Konstruktion beachten müssen. Diese Modularität ist der Form selbst völlig eigen. Morphologie wird dann zu einer Theorie der Zusammensetzung – eine Theorie der möglichen Konstruktionen von Formen im Raum und nicht, wie in der Evolutionsbiologie, eine Wissenschaft über die Veränderungen der Formen in der Zeit[370].

Wie bereits erläutert, wird der Begriff der Nachahmung der Natur sowohl von Kapp als auch von Francé und anderen Wissenschaftler:innen abgelehnt. Francé verwendet jedoch ein mehrdeutiges Vokabular und metaphorische Beispiele, die selbst den aufmerksamsten Leser täuschen können. Dazu gehört sein Vergleich, mit dem ich den dritten Abschnitt eröffnete, zwischen Natur und Museum. In einem impliziten Verweis auf die von Francé vorgeschlagene Analogie zwischen Natur und Museum bietet uns der Morphologe Petersen eine mögliche Neuinterpretation dieser Beziehung, gefolgt von einem neuen Formenkonzept, das sich aus dem implizierten metaphysischen kantianisch-teleologischen Kern von Francés Philosophie verabschiedet. Dieses Konzept wird einen Großteil der biotechnologischen Forschung des 20. Jahrhunderts dominieren. Petersen schreibt im Jahr 1922: »Wenn wir durch einen zoologischen Garten gehen oder durch die Räume eines Museums, so sehen wir eine Menge verschiedenerer Tiergestalten. Jede ist die fertige Lösung einer konstruktiven Aufgabe.«[371]

In dieser Neuformulierung stellen wir fest, dass der Fokus nun nicht mehr auf einer sogenannten realistischen Interpretation der Natur liegt, als Ort, an dem sich die zu imitierenden Modelle befinden; Francé sprach von der Natur als Modellsammlung, aus der sich der Techniker Anregungen für seine Arbeiten holen kann. Im Gegenteil, organische Formen werden bei dieser neuen Charakterisierung vollständig technisch bezeichnet. Hier stellen wir eine deutliche Abweichung vom kantischen Vokabular fest. Jetzt ist die Rolle der Technik nicht nur epistemisch, sondern auch *ontologisch.* Natur selbst ist demnach nicht nur als technisch zu sehen (als Kant'sche Technik der Natur[372]), sondern *sie operiert technisch, um neue Formen zu konzipieren*[373]. Diese sind konstruktive Lösungen, da sie verschiedene Grundelemente harmonisieren, d. h., sie sind aufgrund der materiellen Zwänge aufeinander abgestimmt. Hier wird daher klar, wie meine Abhandlung z. B. die von Amin Grunwald formulierte These bezüglich der epistemischen Ansprüche und Voraussetzungen der Bionik erweitert und ergänzt. Grunwald schreibt, dass »Bionik Natur unter einem technischen Blickwinkel betrachtet, sie technomorph modelliert und dadurch in gewisser Weise technisiert«[374]. Neben diesem Ansatz, der den Übergang von organischen zu technischen Formen nur als »technische[n] Blickwinkel«[375] charakterisiert, welcher wiederum durch das Anlegen einer »technischen Brille der Erkenntnis« ermöglicht wird, gibt es auch einen weiteren Zugang, der diesen Übergang als technisches Verfahren immanent zu den natürlichen und evolutionären Prozessen sieht: Laut Petersen *sind* Tiergestaltungen fertige Lösungen einer konstruktiven Aufgabe, und diese werden nicht nur als solche wahrgenommen.

Die resultierende Form ist daher eine optimale zweckmäßig-technische Konstruktion[376]. Aus dieser ontologischen und postkantischen Perspektive bedeutet der Begriff der optimierten Anpassung nur eine intrinsische Konfiguration der Materie selbst: »Zweckmäßig nennen wir etwas dann, wenn es einer Maximum-Minimum-Bedingung genügt. Ein Apparat ist z. B. dann im Vergleich mit anderen der zweckmäßigste, wenn er bei einem Minimum an aufgewandtem Brennstoff ein Maximum an Arbeit leistet.«[377]

Dies impliziert, und das ist mein vierter Punkt, eine Diskussion einiger Themen der klassischen Naturphilosophie: Welche Definition von Natur ergibt sich aus diesem Prozess und welche Eigenschaften können wir ihr zuschreiben? Ich schlug in dieser Arbeit vor, die Formen von Natur und Technik *als mögliche Konstruktionen* zu sehen. Wie im vorigen Punkt angemerkt, ist, wenn wir die Modularität und Kompositionsfähigkeit von natürlichen und technischen Formen berücksichtigen, ein möglicher Transport von Strukturen und Prinzipien aus der Natur ins Technische und umgekehrt möglich. Dadurch wird ein Gegensatz zwischen den angepassten Formen der Natur auf der einen und den technischen Formen auf der anderen Seite vermieden. Vielmehr wird eine mögliche Vereinigung thematisiert, die sich aber weder zu einer Synthese noch zu einer Reduktion öffnet, wie ich im nächsten Punkt argumentieren werde.

Fünftens suchten Wissenschaftler:innen, Künstler:innen und Philosoph:innen in allen in diesem Buch analysierten Fallstudien in der Tat nach *Vermittlungen* zwischen dem wissenden Subjekt, seiner Wahrnehmung, technischen Handlungen und seiner Natur.

Im Bewusstsein der Unmöglichkeit eines realistischen Zugangs zur Natur fragten sich diese Wissenschaftler, wie eine Synthese zwischen den beiden Polen möglich war. Das (kantische) Thema der Synthese dominiert daher bis heute die gesamte biotechnische Forschung des 20. und 21. Jahrhunderts. Wiederum fragten sich die Wissenschaftler:innen, wie bereits Kant vor ihnen, wie eine Technik der Natur möglich sei und ob es eine umfassendere Synthese zwischen Subjekt und Objekt gäbe. Wie herausgestellt, hat dieses Problem eine historische und lokale Antwort: Von Jahrzehnt zu Jahrzehnt war die Antwort *de facto* (und kantianisch *de jure*) anders. Kapp versuchte eine organische Projektion zu begründen, Gießler sprach von einer Identität und nicht von einer Analogie zwischen dem Technischen und dem Organischen, Nachtigall begründete diese Synthese mit dem Prozess der Morphogenese selbst, die Biorobotik des 20. Jahrhunderts mit der Fähigkeit, Phänomene durch den Bau von Robotern zu beherrschen, usw. Der Philosoph Cassirer, als guter Kenner des Problems, beschloss, den gordischen Knoten des Problems zu zerschlagen. Cassirers These, die der Autor dieser Arbeit zu teilen glaubt, lautet, dass Technik und organische Form zwei symbolische Ausdrucksformen sind, das heißt als zwei sichtbare Manifestationen einer symbolischen Synthese zwischen der Natur und den Handlungen des Subjekts fungieren. Diese symbolische Synthese vereint die beiden Elemente wie die Symbole selbst, die in der griechischen Antike verwendet wurden, d. h. Erkennungsfliesen, die in der Lage waren, ein Ganzes wiederherzustellen, aber immer einen Bruch aufweisen, der das Zerbrechen der Fliese bestimmte. In gleicher Weise sollte das Problem der Entgrenzung meiner Meinung nach zunächst als symbolisches Problem verstanden werden. Die disziplinären Grenzen zwischen Biologie und Technik werden überwunden. Die ontologischen Grenzen zwischen Natur und Technik werden aufgeweicht. So entsteht eine symbolische Einheit, in der die beiden Dimensionen nebeneinander existieren – und gleichzeitig einen Bruch erhalten, der an ihre Verschiedenheit erinnert[378]. Das Problem der Möglichkeit der Synthese ist somit eine der zentralen Fragen der heutigen Biotechnik.

Sechstens impliziert die methodische Fokussierung meiner Arbeit eine klare ablehnende Haltung gegenüber statischen Kategorien und konzeptionellen Schemata, die in einem dualistischen Sinne ein Element der Wissensproduktion auf Kosten eines anderen hervorheben. Anstatt also von Technowissenschaft vs. Naturwissenschaft oder Modus 1 vs. Modus 2 zu sprechen, hat diese Arbeit gezeigt, wie die Zirkulation von Praktiken, Wissen, philosophischen Begriffen und Technologien über die im 20. Jahrhundert formulierten disziplinären Grenzen hinausgeht. An diesen Orten der Begegnung zwischen verschiedenen Disziplinen und Kulturen, Orte, die die Historikerin Lissa Roberts als »contacting points« bezeichnet hat, wird Wissen generiert.[379] Wie ich gezeigt habe, kreuzen sich in diesen physischen oder virtuellen Orten der Wissenszirkulation multiple Interessen und philosophisch-metaphysische Rahmen, die kaum voneinander zu trennen sind.

Dies impliziert auch, dass sich die historisch-philosophische Forschung nicht nur geographisch ausdehnen muss, wie es die jüngsten Trends in der Globalgeschichte und -philosophie des Wissens und der Technikphilosophie einfordern. Wenn diese bisher fruchtbare methodische Tradition fortgesetzt werden soll, muss ein weiterer Schritt getan werden. Die Erweiterung muss auch (und vor allem) disziplinarisch sein. Das seit Jahrhunderten dominierende Modell der morphologischen Wissensproduktion lädt uns in der Tat zu einem radikalen Schritt ein: die von einer Disziplin konstituierte »Komfortzone« zu verlassen und stattdessen in die Kontaktzonen oder sogenannten Zwischenräume der Disziplinen einzutreten. Mit anderen Worten, diese Arbeit hat einen methodologischen Schnittpunkt vorgeschlagen: die Untersuchung der Produktion von wissenschaftlichem Wissen von dem, was innerhalb der mehr oder weniger stabilen und festen Grenzen einer wissenschaftlichen Disziplin geschieht, auf die Dynamik und die tellurischen Bewegungen zu verlagern, die das charakterisieren, was dazwischen geschieht. Diese Verschiebung, die sich in den Praktiken und unterschiedlichen Konzepten der Form zeigt, die im 20. und 21. Jahrhundert vorgeschlagen wurden, bedeutet also, dass die Wissenschaftsgeschichte und -theorie zu einer transdisziplinären Anstrengung wird. Durch die vorliegende Analyse schilderte diese Arbeit folglich die Grundlagen für eine transdisziplinäre Forschung der Dynamik der Produktion von wissenschaftlichem Wissen im 20. und 21. Jahrhundert.

Siebtens haben die Kapitel dieses Buches präsentiert, wie eine Untersuchung der Wissensproduktion von einer Untersuchung der technischen Bedingungen begleitet werden muss, unter denen Wissen historisch produziert wurde. Die Überschreitung der Grenzen des Technischen und des Biologischen und die daraus resultierende Begegnung in den Zwischenräumen des Wissenssystems ist weder analysierbar noch nachvollziehbar, wenn Wissen und Technik nicht als zusammenhängend analysiert werden. Dies impliziert, dass sich die Theorie in technischen Werkzeugen und Praktiken materialisiert und umgekehrt. Mit anderen Worten: Das Rätsel der Form wird letztlich zu einem praktischen Problem. Es wird zum Problem einer *Übersetzbarkeit* von einer Kultur (der biologischen) in eine andere (die technische) und umgekehrt[380].

Achtens haben die in dieser Arbeit durchgeführten Untersuchungen, wie in der Einleitung angedeutet, einen Beitrag zur Agenda der Wissenschaftsgeschichte und -philosophie geleistet. Nach einer fruchtbaren Vereinigung zwischen Philosophie und Wissenschaftsgeschichte, die in den 1950er Jahren begann, kam es zu einer zunehmenden Trennung der beiden Disziplinen. Wissenschaftshistoriker:innen profilierten sich als Historiker:innen und weniger als Philosoph:innen. Darüber hinaus sollen historische Studien als deskriptiv gelten, während sich Philosoph:innen auf die normativen und konzeptionellen Eigenschaften von Wissenschaften konzentrieren. In Anlehnung an die Studien von Chang, Dresow, Schickore, Scholl, Zammito u. a.[381] schlägt diese Arbeit nicht eine »Ehe der Koexistenz«[382] zwischen den beiden Disziplinen vor, sondern eine *nützliche lokale Symbiose*. Das mögliche Aufeinanderprallen von Wissenschaftsgeschichte und -philosophie kann aufgelöst werden, indem die konkrete Interaktion zwischen der wissenschaftlichen Produktion, ihren Praktiken und den mit ihr verbundenen philosophischen Systemen betrachtet wird[383]. Die Analyse einzelner Fälle von Interaktion zwischen Theorie und Praxis, zwischen Philosophie und konkreter Arbeit an z. B. technischen und organischen Formen, ermöglicht eine fruchtbare Zusammenarbeit zwischen Wissenschaftsgeschichte und Philosophie. Durch die Untersuchung solcher Fälle werden die normativen Ansprüche der Philosophie materialisiert und relativiert und die oft deskriptiven Untersuchungen der Wissenschaftsgeschichte nehmen einen allgemeineren Charakter an, indem sie sich auf die von Zeit zu Zeit von den Praktikern vorgeschlagenen theoretischen Erwartungen beziehen.

Schließlich hat die Analyse der Zirkulation des morphologischen Wissens und der Biologisierung der Technik bzw. der Technisierung der Biologie den Weg für eine allgemeinere Frage nach den Menschenbildern geöffnet, die aus diesem Prozess hervorgeht. Auf dem Höhepunkt der Auflösung der Grenzen zwischen Technik und Biologie stellt sich dann wiederum die Frage der Wissensforschung: Welches Menschenbild wird durch die kognitive Bewegung erzeugt? Hier kann demnach das Studium der Zirkulation des Wissens zu einer grundlegenden Erkenntnis der Auffassung des Menschen beitragen. Die neue zu stellende Frage lautet deshalb: Was können wir über uns selbst als Subjekte, die Formen produzieren und beherrschen, die sich in den Zwischenräumen zwischen dem Technischen und dem Biologischen befinden, herausfinden?

Danksagung

Ich möchte mich gerne für Kommentare, Anmerkungen und Diskussionen bei Kevin Liggieri, Michele Cardani, Julia Gruevska, Oliver Tessmann, Olivier Rieppel, Fabio Grigenti, Christian Köchy, Wolfgang Schäffner, Edoardo Datteri, Heidi Rith, Ulla Hansen und dem Meiner Verlag bedanken.

Mein besonderer Dank gilt Mathias Gutmann, Alfred Nordmann, Renato Pettoello, Elio Franzini, und David Sepkoski: Von ihnen habe ich gelernt, wie man eine Analyse »von oben« mit einer »von unten« verbinden kann.

Ingenium – Young Researchers an der TU Darmstadt sowie die Johanna Quandt Young Academy at Goethe hat Teile dieser Forschung finanziell unterstützt. Dafür möchte ich mich herzlich bedanken.

ANMERKUNGEN

[1] Siehe die Cluster »Physik des Lebens – Die dynamische Organisation lebender Materie« an der Technischen Universität Dresden, »Matters of Activity. Image, Space, Material« an der Humboldt-Universität zu Berlin, »Integratives computerbasiertes Planen und Bauen für die Architektur« an der Universität Stuttgart und »Lebende, adaptive und energieautonome Materialsysteme« an der Albert-Ludwigs-Universität Freiburg im Breisgau.

[2] Siehe Thompson 1917.

[3] Siehe dazu Stoddard / Yong / Akkaynak / Sheard / Tobias / Mahadevan 2017, Laubichler 2009, Gutmann 2017, Finsterwalder 2015, Menges 2014, Webster / Goodwin 1996.

[4] Siehe z. B. die Phänomenologie von Edmund Husserl.

[5] Vgl. Hottois 1984, Latour 1987.

[6] Vgl. Bensaude-Vincent 2008.

[7] Vgl. Nordmann 2017, 2012.

[8] Vgl. Nordmann 2017, Bensaude-Vincent 2011.

[9] Siehe z. B. Carrier 2011, Channell 2017.

[10] Vgl. hierzu Gorokhov 2015, Tamborini 2020b, 2022b, Lundgren / Bensaude-Vincent 2000, Klein 2016.

[11] Siehe z. B. Klein 2005.

[12] Vgl. Nordmann / Bensaude-Vincent / Schwarz 2011.

[13] Siehe dazu Nordmann / Hans / Schiemann 2014, Gibbons / Limoges / Nowotny / Schwartzman / Scott / Trow 1994.

[14] Carrier 2019, 156.

[15] Dicks, in Druck, 2012.

[16] Ebd.

[17] Zu dem Begriff der Entgrenzung siehe auch Schelkshorn 2009. Zur Überwindung von Dualismen siehe Cassirer 2004 und auch Recki 2021.

[18] Kant (1787), 1998 B XII.

[19] Wie Husserl an Natorp schrieb, hat die Marburger Schule »sich [eine] feste Formulierung oberster erkenntnistheoretischer Problem[e] [er]arbeitet, die für sie das Erste und nach denen sich alle weitere Arbeit orientiert, so dass jede an diese Formulierungen anknüpfen will und soll. Wir Göttinger arbeiten in einer ganz Einstellung und, obschon ehrliche Idealisten. Gewissermaßen von unter. Es gibt, meiner wir, nicht bloß ein falsches empiristisches und psychologistische Unten, sondern auch ein echtes idealistische Unten, von dem aus man sich Schritt für Schritt zu den Höhen emporarbeiten kann.« Vgl. Kern 1964, 161.

[20] Natorp beschreibt den Übergang vom Faktum zum Fieri wie folgt: »Der Fortgang, die *Methode* ist alles; im lateinischen Wort: der *Prozeß*. Also darf das ›Faktum‹ der Wissenschaft nur als ›Fieri‹ verstanden werden. Auf das, was getan wird, nicht was getan ist, kommt es an. Das Fieri allein ist das Faktum: alles Sein, das die Wissenschaft »festzustellen« sucht, muß sich in den Strom des Werdens wieder lösen.« Natorp 1910, 14.

[21] Chang 2011, 208. Siehe dazu auch Chang 2012, 2017.

[22] Siehe z. B. Shapin / Schaffer 1985, Shapin 2010, Latour / Woolgar 1979, Latour 1987.

[23] Shapin / Ophir 1991, 16.

[24] Secord 2004, 655.

[25] Raj 2006, 11. Siehe dazu auch Gänger 2017.

[26] Nyhart 2016, 7.

[27] Cassirer 2009, 126. Siehe auch Simondon 1989, Recki 2004, Del Fabbro 2021.

[28] Die vorliegende Arbeit beinhaltet eine starke Überarbeitung und Erweiterung von einigen meiner Aufsätze, die in Zeitschriften wie der *Deutschen Zeitschrift für Philosophie*, *Perspectives on Sciences*, *Isis* und *Studies in History and Philosophy of Science* veröffentlicht wurden.

[29] Wie Volker Hess und J. Andrew Mendelsohn schrieben, »verstehen [wir] hierunter die Summe aller Schreibverfahren (wie Listen, Formulare), Text- (wie Exzerpt, Index) und Papiertechniken (wie Karteikarten, Bandakten) und der damit verbundenen Werkzeuge (wie Stifte, Klebstoff, Schere), die (beabsichtigt wie unbeabsichtigt) beim Festhalten, Sammeln, Akkumulieren von (direkt oder vermittelt) Gesehenem und Bedachtem eingesetzt werden.« Hess/Mendelsohn 2013, 3.

[30] Siehe dazu beispielsweise Zammito 2017. Siehe also Axer / Geulen / Heimes 2021, Vercellone / Tedesco 2020.

[31] Goethe, (1817) 1988, 55.

[32] Ebd., 55–56.

[33] Ebd., 124.

[34] Bowler 1996, 17. Siehe dazu auch Tamborini 2022.

[35] Vgl. Rieppel 2020, 2016, Tamborini 2020b, 2022.

[36] Vgl. Mayr 1980, 1982, 1999.

[37] Vgl. Tamborini 2022.

[38] Reuleaux 1875, 38.

[39] Loeb 1906, 1.

[40] Vgl. Kant 1790, §65.

[41] Loeb 1906, 1.

[42] Es handelt sich um das Buch *The Mechanistic Conception of Life: Biological Essays*.

[43] Siehe dazu Rieppel 2016.

[44] Roux 1988, 113.

[45] Vgl. Roux, *Der Kampf der Teile des Organismus.*
[46] Driesch 1892, 178.
[47] Driesch 1936, 8.
[48] Siehe dazu Harrington 1999.
[49] Siehe dazu Rieppel 2016.
[50] Naef 1923, 330.
[51] Ebd., 331.
[52] Der Strukturalismus wurde von Philosophen wie David Hume und Ernst Mach beeinflusst.
[53] Siehe dazu auch Wertheimer 2017, Ash 1998.
[54] Vgl. Kant, *Kritik der reinen Vernunft.*
[55] Stumpf 1873, 113.
[56] Ebd., 115.
[57] Harrington 1999, 28.
[58] Vgl. Husserls dritte *Logische Untersuchung.*
[59] Harrington 1999, XXI.
[60] Vgl. Baedke 2019, Haraway 1976, Peterson 2016.
[61] Pfeifer / Lungarella / Iida 2007, 1093.
[62] Vgl. hierzu Tamborini 2022.
[63] Jennings 1910, 368.
[64] Ebd., 360.
[65] Ebd., 361.
[66] Petersen 1922, 339.
[67] Seilacher 1951, 279.
[68] Rudwick 1964, 33.
[69] Wainwright / Biggs / Currey 1976, v.
[70] Vgl. Tamborini 2020a.
[71] Le Corbusier 1937, 71.
[72] Zur Verflechtung von Ethik, Technik und Gesellschaft siehe den letzten Teil dieses Buches.
[73] Francé 1939, 202.
[74] Ebd., 203.
[75] Ebd.
[76] Ebd.
[77] Kapp 1877, 24.
[78] Ebd., 41.
[79] Ebd., 42.
[80] Ebd.
[81] Ebd.
[82] Ebd.
[83] Ebd.
[84] Ebd., 47.
[85] Ebd., 48.

[86] Ebd., 116.

[87] Ebd., 26.

[88] Ebd., 42.

[89] Ebd.

[90] Vgl. Naef 1911. Siehe dazu das erste Kapitel und Tamborini 2020a, 2022.

[91] Zitiert nach Terranova 2015, 24.

[92] Francé 1923, 23.

[93] Francé 1920, 26.

[94] *Dinoflagellaten* (auch *Peridineae* oder Panzergeißler genannt) sind einzellige Eukaryoten, die meist zum marinen Plankton gehören, aber auch in Süßwasserlebensräumen vorkommen.

[95] Ebd., 31.

[96] Ebd.

[97] Ebd., 32.

[98] Ebd., 11.

[99] Ebd.

[100] Ebd., 14.

[101] Ebd., 27.

[102] Francé 1920, 7.

[103] Ebd.

[104] Ebd., 12.

[105] Ebd.

[106] Ebd.

[107] Ebd., 17.

[108] Ebd.

[109] Gradenwitz 1922, 402.

[110] Gießler 1939, 14.

[111] Ebd., 14.

[112] Ebd.

[113] Ebd., 16.

[114] Ebd., 18.

[115] Ebd., 17.

[116] Ebd., 9. Hervorhebung im Original.

[117] Ebd., 9–10.

[118] Ebd.,10.

[119] El Lissitzky / Schwitters 1924, 24.

[120] Ebd.

[121] Ebd.

[122] Ebd.

[123] Ebd.

[124] In einem Interview fragte Mies van der Rohe den Herausgeber der Werkbund-Zeitschrift *Die Form*, ob der Titel der Zeitschrift nicht zu stark sei, »denn Form ist nicht a priori oder gar das Ziel, sondern das Ergebnis ei-

nes Prozesses. Und das Ergebnis dieses Prozesses kennt man erst, wenn er abgeschlossen ist«. Mertins bemerkte, dass »Mies hier über den Begriff der Gestaltung nachdachte, der durch die französischen Schriften verstärkt wurde […]. Mies hat sich bei dem Herausgeber von ›Die Form‹ darüber beschwert, dass er in seiner Einstellung zur Form überbestimmt war.« Mertins 2007, 17.

[125] Wie die Historiker:innen Charissa Terranova und Oliver Botar feststellten, waren die Ideen von Francé in der ersten Hälfte des 20. Jahrhunderts weit verbreitet. Siehe Botar / Wünsche 2017, Terranova 2015, Terranova / Tromble 2016.

[126] Martin / Nicholson / Gabo 1937.

[127] Ebd., 6.

[128] Honzík 1937.

[129] Ebd., 257.

[130] Ebd., 258.

[131] Ebd., 259.

[132] Ebd.

[133] Ebd., 259.

[134] Mumford 1937, 269.

[135] Ebd., 269–270.

[136] Ebd., 269.

[137] Vgl. Dobell 1949.

[138] Thompson (1917) 1942, 16.

[139] Ebd., 977.

[140] James Warren (1806–1908) war ein britischer Ingenieur, der sich die Konstruktion von Brücken patentieren ließ, die hauptsächlich aus gleichseitigen Dreiecken bestanden und sowohl Zug als auch Druck standhalten konnten. Diese Konstruktion wurde als »Warren-Träger« bezeichnet.

[141] Thompson (1917) 1942, 981.

[142] Ebd., 1032

[143] Ebd., 10.

[144] Fitness ist ein Fachbegriff in der Evolutionsbiologie und bezeichnet die Anpassungsfähigkeit und den Adaptionswert eines Organismus an seine Umwelt.

[145] Thompson (1917) 1942, 958.

[146] Ebd., 1017.

[147] Kiesler (1939) 2007.

[148] Ebd., 62.

[149] Ebd. Hervorhebung im Original.

[150] Ebd., 70.

[151] Ebd., 71. Hervorhebung im Original.

[152] Ebd.

[153] Ebd., 66. Hervorhebung im Original.

[154] Ebd., 63. Hervorhebung im Original.

155 Siehe Keller 2018, Steadman 2016

156 Keller 2018, 22.

157 Alexander 1964, 4.

158 Ebd.

159 Ebd., 19.

160 Ebd., 12.

161 Ebd. Hervorhebung im Orginal.

162 Ebd., 82.

163 Alexander 1966, 107.

164 Alexander 1964, 26.

165 Übersetzung in Liggieri / Tamborini 2021, 174.

166 Thompson (1917) 1942, 31.

167 Kiesler (1939) 2007, 69. Hervorhebung im Original.

168 Vgl. z. B. Biraghi 2008.

169 Pfeiffer 2010, 66.

170 Siehe dazu Waddington 1970.

171 Zitiert in Vogel 2000, 250.

172 Wiener (1948) 1965, 11.

173 Ashby 1956, 1.

174 Gans 1974.

175 Gould 1970, 78.

176 Taube 1960, 480.

177 Goujon 2001, 47.

178 Vgl. Bensaude-Vincent 2019.

179 Nachlass Helmcke, Staatsbibliothek zu Berlin, Nachlass 135, Biotechnik, I, 2.

180 Eibisch 2016.

181 Vgl. Helmcke / Krieger 1953–1977.

182 Vgl. Hertel 1963.

183 Siehe dazu Tamborini 2022.

184 Helmcke 1971, 7.

185 Ebd.

186 Helmcke 1968, 1083.

187 Ebd.

188 Ebd., 1084.

189 Ebd., 1085.

190 Ebd., 1086.

191 Ebd.

192 Ebd.

193 Ebd., 1088.

194 Ebd., 1090.

195 Nachtigall 1974, 405.

196 Nachtigall 1971, 14.

[197] Nachtigall 1974, 14.

[198] Nachtigall 1971, 20–21.

[199] Ebd., 20.

[200] Nachlass Helmcke, Staatsbibliothek zu Berlin, Nachlass 135, 221, 9.

[201] Nachtigall 1971, 21.

[202] Ebd., 12.

[203] Ebd., 13.

[204] Ebd., 14.

[205] Ebd., 13.

[206] Ebd., 19.

[207] Nachtigall 1974, 15.

[208] Ebd., 350.

[209] Ebd., 387.

[210] Siehe z. B. De Jong / Fogel / Schwefel 1997.

[211] Vgl. Fogel / Owens / Walsh 1966 und Holland 1967.

[212] Rechenberg 1973, 19.

[213] Nachlass Helmcke, Staatsbibliothek zu Berlin, Nachlass 135.

[214] Patzelt 1972, 155.

[215] Ebd.

[216] Vgl. Tamborini 2022.

[217] Schleicher / Lienhard / Poppinga / Speck / Knippers 2015, 105.

[218] Vgl. Sepkoski 2012.

[219] Raup 1962, 150.

[220] Raup / Michelson 1965, 1295.

[221] Ebd., 1294.

[222] Steadman / Mitchell 2010, 197.

[223] Ebd., 198.

[224] Ebd., 200.

[225] Ebd., 203.

[226] Ebd., 211.

[227] Ebd., 219.

[228] Knippers / Speck 2012, 2.

[229] Menges 2013, 44.

[230] Ebd.

[231] Menges / Schwinn 2012, 122.

[232] Ebd., 121.

[233] Vgl. hierzu Otto / Herzog / Schneider 1990, Otto / Vrachliotis / Kleinmanns / Kunz / Kurz 2017, Otto / Meissner / Barthel / Brensing 2005, Otto 1971, Tamborini 2020a, 2020c, 2022, 2022b.

[234] Menges 2013, 44.

[235] Ebd.

[236] Schleicher / Lienhard / Poppinga / Speck / Knippers 2015,106.

[237] Lienhard / Schleicher / Poppinga / Masselter / Müller / Sartori 2011, 1.

[238] Yang / Bellingham / Dupont / Fischer / Floridi / Full / Jacobstein / Kumar / McNutt / Merrifield 2018, 3.

[239] Siehe Mazzolai 2017, Sadeghi / Mondini / Mazzolai 2017.

[240] Kim / Laschi / Trimmer 2013, 287.

[241] Ebd.

[242] Sadeghi / Tonazzini / Popova / Mazzolai 2014, e90139.

[243] Drack / Limpinsel / de Bruyn / Nebelsick / Betz 2017, 7.

[244] Ebd.

[245] Die Autoren schreiben: »Ein solches Verfahren kann als atomistisch bezeichnet werden, weil das biologische System, zumindest mental, in getrennte Einheiten oder Merkmale zerlegt wird und nur diese herausgegriffenen ›Atome‹ für die Übertragung auf Anwendungen verwendet werden.« Ebd.

[246] Ebd., 5.

[247] Nachtigall 2010, VII.

[248] Darwin 1869, 248.

[249] Darwin (1859) 1860, 317–318. Zum Begriff des Fossils und dessen Verwendung und Wiederverwendung siehe z. B. Sepkoski / Tamborini 2018, Tamborini 2015.

[250] Raup 1972b.

[251] Benton 1997.

[252] Vgl. Cleland 2011, 2008, 2002.

[253] Vgl. Sober 1991.

[254] Siehe Turner 2011, 2005.

[255] Vgl. hierzu Rossi 1984, Tamborini 2017.

[256] Vgl. McPhee 1981.

[257] Dacqué 1928, 43.

[258] Siehe Tamborini 2020, Heumann / Stoecker / Tamborini / Vennen 2018, Tamborini 2016.

[259] Siehe z. B. Podgorny 2015, Sepkoski / Tamborini 2018, te Heesen 2005, Schäffner 1999, Klemun 2012, Koerner 1999, Klein / Lefèvre 2007, Klein 2015, 2016.

[260] Siehe dazu auch Podgorny 2002, Sepkoski 2017.

[261] Siehe auch Podgorny 2002b, Rudwick 2005.

[262] Fraas 1910, 4. Hervorhebung im Original.

[263] Siehe z. B. Petrie 1904, Hermann 1908a, Fraas 1910, König 1911, Stromer 1920, British Museum Natural History 1902, Schuchert 1895, Hermann 1908b, Seitz / Gothan 1928, Keilhack 1908.

[264] Fraas 1910, 8.

[265] Stromer 1920, 9.

[266] Ebd., 10.

[267] Dies war auch eine essenzielle Praxis in der Archäologie Anfang des 20. Jahrhunderts. 1905 schrieb der Ägyptologe William Petrie dazu, dass die Buchführung »die absolute Trennlinie zwischen Plünderung und wissen-

schaftlicher Arbeit, zwischen einem Händler und einem Gelehrten« bilde. Petrie 1904, 48. Siehe dazu Podgorny 2008.

268 Stromer 1920, 10.

269 Gould 1991, 47.

270 Ebd., 49.

271 Ebd., 50.

272 Ebd.

273 Siehe z. B. Goulds Betrachtung der Beziehung zwischen Phylogenese und Ontogenese, Gould 1977.

274 Vgl. hierzu Raup 1972a, Raup 1973, Sepkoski 2012.

275 Sepkoski 2016, 2012.

276 Sepkoski 2012, 228.

277 Siehe Sepkoski / Tamborini 2018.

278 Vgl. Terzidis 2006, 2004.

279 Garwood / Rahman / Sutton 2010, 96–97.

280 Cunningham / Rahman / Lautenschlager / Rayfield / Donoghue 2014, 353.

281 Garwood / Rahman / Sutton 2010, 97.

282 Cunningham / Rahman / Lautenschlager / Rayfield / Donoghue 2014, 347.

283 Vgl. Díez Díaz / Demuth / Schwarz / Mallison 2020.

284 Ebd., 14.

285 Ebd.

286 Ebd., 1.

287 Cirilli / Melchionna / Serio / Bernor / Bukhsianidze / Lordkipanidze / Rook / Profico / Raia 2020, 2.

288 Ebd., 9.

289 Benazzi / Gruppioni / Strait / Hublin 2014, 154.

290 Ebd., 158.

291 Abel 1925, IV. Siehe dazu Tamborini 2018.

292 Siehe z. B. Wittmann 2013, Breidbach 2005, Nickelsen 2006, Keller 2011.

293 Siehe dazu Nasim 2013, Hentschel 2002. Diese Ähnlichkeit liegt daran, dass die Tiefe, die die paläontologische Tiefzeit und den astronomischen Tiefenraum ausmacht, konstitutiv für beide Disziplinen ist.

294 Jaekel 1918, 226.

295 Eine Vergleichsanalyse zwischen der Rolle der Fotografie in der Paläontologie und Archäologie des 20. Jahrhunderts ist noch zu schreiben. Siehe dazu Riggs online first, Podgorny 2002b.

296 Jaekel 1918, 226.

297 Ebd.

298 Ebd., 228.

299 Vgl. Siegert 2015.

300 Romano / Donati / Benelli / Stefanini 2019, 201.

301 Riskin 2003, 98. Siehe dazu auch Riskin 2016, Datteri 2020b.

302 Siehe dazu Klein 2003, 2005, 2016, 2020.

303 Tresch 2012, 289.

304 Vgl. Datteri / Tamburrini 2007, Datteri 2020a, 2020b.

305 Eine digitale Marionette ist eine Manipulation von digital animierten 2D- oder 3D-Figuren und Objekten in einer virtuellen Umgebung in Echtzeit durch einen Computer.

306 Nyakatura / Melo / Horvat / Karakasiliotis / Allen / Andikfar / Andrada / Arnold / Lauströer / Hutchinson / Fischer / Ijspeert 2019, 354.

307 Ebd., 351.

308 Wong 2019.

309 Ryczko/Simon/Ijspeert 2020, 1.

310 Ebd.

311 Wainwright/Lauder 2020, 1.

312 Zhu / White / Wainwright / Di Santo / Lauder / Bart-Smith 2019, 2.

313 Ebd., 2.

314 Ebd., 1.

315 Ebd., 8.

316 Gravish / Lauder 2018, 4.

317 Ebd., 5.

318 Die Konzepte, die aus den in diesem Absatz vorgestellten Zitaten hervorgehen, wie zum Beispiel die »Rückkopplungsschleife«, verdankt die von der Robotik inspirierte Morphologie des 21. Jahrhunderts der Kybernetik. Zur Kybernetik siehe das vierte Kapitel.

319 Datteri 2020b, 2.

320 Halloy / Mondada / Kernbach / Schmickl 2013, 384–385.

321 Romano / Benelli / Stefanini 2019.

322 Ebd., 1.

323 Ebd.

324 Romano / Donati / Benelli / Stefanini 2019, 202.

325 Park / Gazzola / Park / Park / Di Santo / Blevins / Lind / Campbell / Dauth / Capulli 2016, 159.

326 Stowers / Hofbauer / Bastien / Griessner / Higgins / Farooqui / Fischer / Nowikovsky / Haubensak / Couzin 2017, 995.

327 Mazzolai/Laschi 2020, 1088.

328 Datteri 2020a, 10.

329 Ebd.,10.

330 Ebd., 9.

331 Mazzolai / Laschi 2020, 1.

332 Vgl. hierzu Sadeghi / Tonazzini / Popova / Mazzolai 2014, Sadeghi / Mondini / Mazzolai 2017, Mazzolai 2017, Mazzoleni 2013.

333 Siehe dazu Finsterwalder 2015.

334 Datteri / Tamburrini 2007, 409

335 Nyakatura / Melo / Horvat / Karakasiliotis / Allen / Andikfar / Andrada / Arnold / Lauströer / Hutchinson / Fischer / Ijspeert 2019, 352.

[336] Carpo 2013, 2017.

[337] Ebd., 8.

[338] Vgl. dazu Raup 1961, 1962, Raup / Michelson 1965, Raup 1967, 1969, Raup / Seilacher 1969.

[339] Spinello / Yang / Macrì / Porfiri 2019, 2.

[340] Krause / Winfield / Deneubourg 2011, 370.

[341] Siehe Fan 2012.

[342] Scheerer 1985, 40, zitiert nach Harrington 1999, 266–267.

[343] Siehe dazu z. B. https://www.dg.architektur.tu-darmstadt.de/studium/student_work/entwurf_ddu/design_for_reassembly/design_for_reasembly.de.jsp (Zugriff am 14.06.2021).

[344] https://www.icd.uni-stuttgart.de/de/projekte/hygroscope-meteorosensitive-morphology/ (Zugriff am 14.06.2021).

[345] Ebd.

[346] Siehe dazu Liggieri / Tamborini 2021.

[347] Institut für Leichte Flächentragwerke 1971, 22.

[348] Ebd., 26.

[349] Ebd.

[350] Otto 1971, 6. Siehe auch Gruevska 2019.

[351] Ebd., 18.

[352] Ebd.

[353] Sarasin 2011, 164. Hervorhebung im Original.

[354] Ebd., 164.

[355] Friedman / Kahn / Borning 2008, 1.

[356] Moor 2006, 19. Siehe auch Moor 2009.

[357] Moor 2006, 19.

[358] Ebd.

[359] Ebd.

[360] Ebd.

[361] Ebd., 20.

[362] Siehe Potthast 2015.

[363] Wie Cassirer schrieb: »Der Begriff der Erscheinung selbst ist ein anderer, je nachdem er auf den unbestimmten Gegenstand der Sinneswahrnehmung oder auf das theoretisch konstruierte Objekt der mathematischen Physik angewandt wird: und eben die Bedingungen dieser Konstruktion sind es, die die erkenntnistheoretische Frage immer von neuem herberufen«, Cassirer 2004, 184. Siehe dazu auch Recki 2021.

[364] Cassirer 2009, 160.

[365] Daston / Galison 2007, 383.

[366] Vgl. Menges 2014, 34.

[367] Siehe dazu auch Friedman / Krauthausen, 2021.

[368] Vgl. Kant 1790, Toepfer 2004, Recki 2006, McLaughlin 2000, 2013.

[369] Petersen 1922, 338.

[370] Über die evolutionäre Morphologie als Wissenschaft der zeitlichen Veränderungen siehe Haeckel 1866, Rieppel 2016, Richards 2008.

[371] Vgl. Petersen 1922.

[372] Vgl. z. B. Recki 2021.

[373] Dieselbe ontologische Charakterisierung kennzeichnet die biologische Untersuchung in der paläontologischen Tiefenzeit. Siehe Kapitel 6.

[374] Grunwald 2011, 115.

[375] Vgl. Grunwald 2008.

[376] Recki schrieb, »wir werden anders in die Natur hinein handeln, wenn wir sie als zweckmäßig denken« Recki 2021, 65. Wir denken die Natur als zweckmäßig, weil sie technisch operiert.

[377] Ebd.

[378] Siehe dazu auch Franzini 2008.

[379] Vgl. Roberts 2009.

[380] Siehe dazu Tamborini (im Erscheinen).

[381] Vgl. hierzu z. B. Dresow 2020, Chang 2011, 2012, 2017, Schickore 2011, Scholl 2018, Zammito 2011.

[382] Vgl. hierzu Giere 1973. Siehe dazu auch Kegley 2017, McMullin 1974, Scholl 2018, Burian 1977, Steinle / Burian 2003, Schickore 2011.

[383] Siehe dazu z. B. Pettoello 2010, Ferrari 2012, Rehn 2020, Hartung 2022.

LITERATUR

Abel, O. *Geschichte und Methode der Rekonstruktion vorzeitlicher Wirbeltiere.* Jena 1925.

Alexander, C. *Notes on the Synthesis of Form.* Boston 1964.

Alexander, C. From a Set of Forces to a Form. In: György Kepes (Hg.). *Vision+ Value Series: The man-made object.* New York 1966.

Axer, E. / Eva, G. / Heimes, A. *Aus dem Leben der Form: Studien zum Nachleben von Goethes Morphologie in der Theoriebildung des 20. Jahrhunderts.* Göttingen 2021.

Ash, M. *Gestalt Psychology in German Culture, 1890–1967: Holism and the Quest for Objectivity.* Cambridge 1998.

Ashby, W. R. *An introduction to cybernetics.* London 1956.

Baedke, J. O. Organism, Where Art Thou? Old and New Challenges for Organism-Centered Biology. *Journal of the History of Biology* 52, (2), 2019, (293–324).

Benazzi, S. / Gruppioni, G. / Strait, D. S. / Hublin, J.-J. Virtual reconstruction of KNM-ER 1813 Homo habilis cranium. *American journal of physical anthropology*, 153, (1), 2014, (154–160).

Bensaude-Vincent, B. Bio-informed emerging technologies and their relation to the sustainability aims of biomimicry. *Environmental Values*, 28, (5), 2019, (551–571).

Bensaude-Vincent, B. / Loeve, S. / Nordmann, A. Matters of interest: the objects of research in science and technoscience. *Journal for general philosophy of science*, 42, (2), 2011, (365–383).

Bensaude-Vincent, B. Technoscience and Convergence: A Tranmutation of values? In *Summerschool on Ethics of Converging Technologies Dormotel, Vogelsberg, Omrod.* Alsfeld 2008.

Benton, M. J. Models for the Diversity of Life. *TREE*, 12, (12), 1997, (490–495).

Biraghi, M., *Storia dell'architettura contemporanea. 1750–1945.* Torino 2008.

Botar, O. A. I. / Wünsche, I. (Hg.). *Biocentrism and Modernism.* Farnham 2017.

Bowler, P. J. *Life's Splendid Drama: Evolutionary Biology and the Reconstruction of Life's Ancestry, 1860–1940.* Chicago 1996.

Breidbach, O. *Bilder des Wissens. Zur Kulturgeschichte der wissenschaftlichen Wahrnehmung.* Paderborn 2005.

Burian, R. More than a marriage of convenience: on the inextricability of history and philosophy of science. *Philosophy of Science* 44, (1), 1977, (1–42).

British Museum Natural History (Hg.). *Handbook of Instructions for Collectors.* London 1902.

Cassirer, E. *Substanzbegriff und Funktionsbegriff; Untersuchungen über die Grundfragen der Erkenntniskritik.* Hamburg 2004.

Cassirer, E. Form und Technik. In: Lauschke, M. *Schriften zur Philosophie der symbolischen Formen. Auf der Grundlage der Ausgabe Ernst Cassirer, Gesammelte. Herausgegeben von Lauschke.* Hamburg, 2009.

Carpo, M. *The digital turn in architecture 1992–2012.* Chichester 2013.

Carpo, M. *The second digital turn: design beyond intelligence.* Cambridge 2017.

Carrier, M. »Knowledge is Power,« or How to Capture the Relations between Science and Technoscience. In: Nordmann, A. / Radder, H. / Schiemann, G. (Hg.). *Science transformed? Debating claims of an epochal break.* Pittsburgh 2011.

Carrier, M. *Wissenschaftstheorie zur Einführung.* Hamburg 2019.

Carrier, M. / Schurz, G. (Hg.). *Werte in den Wissenschaften: Neue Ansätze zum Werturteilsstreit.* Berlin 2013.

Chang, H. The philosophical grammar of scientific practice. *International Studies in the Philosophy of Science,* 25, (3), 2011, (205–221).

Chang, H. *Is Water H2O? Boston Studies in the Philosophy of Science.* Dordrecht 2012.

Chang, H. Is pluralism compatible with scientific realism?. In: Saatsi, J. (Hg.) *The Routledge handbook of scientific realism.* London 2017.

Dresow, M. History and philosophy of science after the practice-turn: From inherent tension to local integration. *Studies in History and Philosophy of Science Part A* 82, 2020, (57–65).

Driesch, H. Entwicklungsmechanische Studien. I. Der Werth der beiden ersten Furchungszellen. Experimentelle Erzeugung von Theil- und Doppelbildungen. *Zeitschrift für wissenschaftliche Zoologie,* 53, 1892, (160–178).

Driesch, H. *Die Maschine und der Organismus.* Leipzig 1936.

Channell, D. F. *A History of Technoscience: Erasing the Boundaries Between Science and Technology.* London. 2017.

Cirilli, O. / Melchionna, M. / Serio, C. / Bernor, R. / Bukhsianidze, M. / Lordkipanidze, D. / Rook, L. / Lorenzo Profico, A. / Raia, P. Target deformation of the Equus stenonis holotype skull: a virtual reconstruction. *Frontiers in Earth Science,* 8, (247), 2020, (1–12).

Cleland, C. E. Methodological and Epistemic Differences between Historical Science and Experimental Science. *Philosophy of Science*, 69, (3), 2002, (447–451).

Cleland, C. E. Philosophical Issues in Natural History and its Historiography. In: Tucker, A. (Hg.). *A Companion to the Philosophy of History and Historiography*. Oxford 2008.

Cleland, C. E. Prediction and Explanation in Historical Natural Science. *The British Journal for the Philosophy of Science*, 62, (3), 2011, (551–582).

Cunningham, J. A. / Rahman, I. A. / Lautenschlager, S. / Rayfield, E. J. / Donoghue, P. C. J. A virtual world of paleontology. *Trends in ecology & evolution*, 29, (6), 2014, (347–357).

Dacqué, E. (Hg.). *Das fossile Lebewesen. Eine Einführung in die Versteinerungskunde*. Berlin 1928.

Darwin, C. *Über die Entstehung der Arten im Thier- und Pflanzen-Reich durch natürliche Züchtung, oder, Erhaltung der vervollkommneten Rassen im Kampfe um's Daseyn*. Stuttgart (1859) 1860.

Darwin, C. *On the Origin of the Species by Means of Natural Selection: Or, The Preservation of Favoured Races in the Struggle for Life*. London 1869.

Datteri, E. Interactive biorobotics. *Synthese*, 2020a, (1–19).

Datteri, E. The logic of interactive biorobotics. *Frontiers in Bioengineering and Biotechnology*, 2020b, 8, 637.

Datteri, E. / Tamburrini, G. Biorobotic experiments for the discovery of biological mechanisms. *Philosophy of Science*, 74, (3) 2007, (409–430).

De Jong, K. / Fogel, D. B. / Schwefel, H.-S. A2.3 A history of evolutionary computation. In: T. Bäck / Fogel, D. B. / Michalewicz, Z. (Hg.). *Handbook of Evolutionary Computation*. New York 1997.

Del Fabbro, O. *Philosophieren mit Objekten: Gilbert Simondons prozessuale Individuationsontologie*. Frankfurt 2021.

Dicks, H. Nature as Mentor: Foundations of Biomimetic Epistemology. Im Druck – https://www.researchgate.net/publication/328191528_Nature_as_Mentor_Foundations_of_Biomimetic_Epistemology

Dicks, H. The philosophy of biomimicry. *Philosophy & Technology* 29, (3), 2016, (223–243).

Díez Díaz, V. / Demuth, O. E. / Schwarz, D. / Mallison, H. The Tail of the Late Jurassic Sauropod Giraffatitan brancai: Digital Reconstruction of Its Epaxial and Hypaxial Musculature, and Implications for Tail Biomechanics. *Frontiers in Earth Science*, 8, 2020, 160.

Dobell, C. D'Arcy Wentworth Thompson. 1860–1948. *Obituary of Fellows of the Royal Society*, 6, 1949.

Drack, M. / Limpinsel, M. / de Bruyn, G. / Nebelsick, J. H. / Betz, O. Towards a theoretical clarification of biomimetics using conceptual tools from engineering design. *Bioinspiration & biomimetics*, 13, (1), 2017, (016007).

Driesch, H. Entwicklungsmechanische Studien. I. Der Werth der beiden ersten Furchungszellen. Experimentelle Erzeugung von Theil- und Doppelbildungen. *Zeitschrift für wissenschaftliche Zoologie*, 53, 1892, (160–178).

Driesch, H. *Die Maschine und der Organismus*. Leipzig 1936.

Eibisch, N. *Selbstreproduzierende Maschinen: Konrad Zuses Montage-straße SRS 72 und ihr Kontext*. Wiesbaden 2016.

El Lissitzky / Schwitters, K. Nasci. *Merz*, 8/9, 1924.

Fan, F.-T. The global turn in the history of science. East Asian Science, *Technology and Society: An International Journal*, 6, (2), 2012, (249–258).

Ferrari, M., »Wachstum« oder »Revolution«? Ernst Cassirer und die Wissenschaftsgeschichte. *Berichte zur Wissenschaftsgeschichte*, 35, (2), 2012, (113–130).

Finsterwalder, R. *Form Follows Nature: Eine Geschichte der Natur als Modell für Formfindung in Ingenieurbau, Architektur und Kunst – A History of Nature as Model for Design in Engineering, Architecture and Art*. Basel 2015.

Fogel, L. J. / Owens, A. J. / Walsh, M. J. Artificial intelligence through simulated evolution, New York 1966.

Fraas, E. *Der Petrefaktensammler. Ein Leitfaden zum Sammeln und Be-stimmen der Versteinerungen Deutschlads*. Stuttgart 1910.

Francé, R. H. *Die Pflanze als Erfinder*. Stuttgart 1920.

Francé, R. H. *Bios. Die Gesetze der Welt. Zweiter Band*. Stuttgart 1923.

Francé, R. H. *Die Waage des Lebens: eine Bilanz der Kultur*. Leipzig 1939.

Franzini, E., *I simboli e l'invisibile. Figure e forme del pensiero*. Milano 2008.

Friedman, M. / Krauthausen, K. Materials matter: introduction. In: Fratzl, P. / Friedman, M. / Krauthausen, K. / Schäffner, W. (Hg.). *Active Materials*. Berlin 2021.

Friedman, B. / Kahn, P. H. / Borning, A. Value sensitive design and information systems. *The handbook of information and computer ethics*. Camberidge 2008.

Gans, G. *Biomechanics: An approach to vertebrate biology*. Philadelphia 1974.

Gänger, S. Circulation: reflections on circularity, entity, and liquidity in the language of global history. *Journal of Global History*, 12, (3), 2017, (303–318).

Garwood, R. J. / Rahman, I. A. / Sutton, M. D. From clergymen to computers—the advent of virtual palaeontology. *Geology Today*, 26, (3), 2010, (96–100).

Gibbons, M. / Limoges, C. / Nowotny, H. / Schwartzman, S. / Scott, P. /

Trow, M. (Hrsg). *The new production of knowledge: The dynamics of science and research in contemporary societies.* London 1994.

Giere, R. History and philosophy of science: Intimate relationship or marriage of convenience?. *British Journal for the Philosophy of Science* 24, 1973, (282–297).

Gießler, A. *Biotechnik: Eine Einführung.* Leipzig 1939.

v. Goethe, J. W. *Naturwissenschaftliche Schriften I, Werke. Bd. 13, Hamburger Ausgabe.* München, (1817) 1988.

Gorokhov, V. Galileo's »technoscience«. In: Pisano, R. (Hg.). *A Bridge between Conceptual Frameworks.* Dordrecht 2015.

Goujon, P. *From Biotechnology to Genomes: The Meaning of the Double Helix.* Singapore 2001.

Gould, S. J. Evolutionary paleontology and the science of form. *Earth-Science Reviews*, 6, (2), 1970, (77–119).

Gould, S. J. *Ontogeny and Phylogeny.* Cambridge 1977.

Gould, S. J. *Zufall Mensch: Das Wunder des Lebens als Spiel der Natur.* München 1991.

Gradenwitz, A. Plants as Inventors. *Scientific American* 122, (6), 1922.

Gravish, N. / Lauder, G. V. Robotics-inspired biology. *Journal of Experimental Biology*, 221, (7), 2018.

Gruevska, J. (Hg.). *Körper und Räume.* Berlin 2019.

Gutmann, M. *Leben und Form: zur technischen Form des Wissens vom Lebendigen.* Wiesbaden 2017.

Haeckel, E. *Generelle Morphologie der Organismen – Allgemeine Grundzüge der organischen Formen-Wissenschaft, mechanisch begründet durch die von Charles Darwin reformirte Descendenz-Theorie.* Berlin 1866.

Halloy, J. / Mondada, F. / Kernbach, S. / Schmickl, T. Towards bio-hybrid systems made of social animals and robots. In: Lepora, N. F. / Mura, A. / Krapp, H.G. / Verschure, P.F.M.J. / Prescott, T.J. (Hg.). *Biomimetic and Biohybrid Systems. Living Machines 2013. Lecture Notes in Computer Science.* Berlin 2013.

Haraway, D. J. *Crystals, fabrics, and fields: metaphors of organicism in twentieth-century developmental biology.* New Haven 1976.

Harrington, A. *Reenchanted science: Holism in German culture from Wilhelm II to Hitler.* Princeton 1999.

Hartung, G. The gold of knowledge – Nicolai Hartmann and historiography of philosophy. *British Journal for the History of Philosophy*, 29, (4), 2022.

Helmcke, J.-G. Biotechnik. *Bild der Wissenschaft*, 5, (7), 1968, (1083–1091).

Helmcke, J.-G. / Krieger, W. *Diatomeenschalen im elektronenmikroskopischen Bild. Teil 1–10.* Berlin 1953–1977.

Hentschel, K. *Mapping the Spectrum. Techniques of Visual Representation in Research and Teaching.* Oxford 2002.

Hermann, A. Modern laboratory methods in vertebrate paleontology. *Bulletin of the American Museum of Natural History,* 26, 1908a, (283–331).

Hermann, A. Modern methods of excavating, preparing and mounting fossil skeletons. *The American Naturalist,* 42, (493), 1908b, (43–47).

Hertel, H. *Struktur, Form, Bewegung.* Mainz 1963.

Hess, V. / Mendelsohn, J. A. Paper Technology und Wissensgeschichte. *NTM Zeitschrift für Geschichte der Wissenschaften, Technik und Medizin,* 21, (1), 2013, (1–10).

Heumann, I. / Stoecker, H. / Tamborini, M. / Vennen, M. *Dinosaurierfragmente: Zur Geschichte der Tendaguru-Expedition und ihrer Objekte, 1906–2017.* Göttingen 2018.

Holland, J. H. *Nonlinear environments permitting efficient adaptation. Computer and Information Sciences II.* New York 1967.

Honzík, K. A Note on Biotechnics. In: Martin, L. / Nicholson, B. / Gabo, N. (Hg.). *Circle: International Survey of Constructive Art.* London 1937.

Hottois, G. *Le Signe et la technique. La philosophie à l'épreuve de la technique.* Paris 1984.

Institut für Leichte Flächentragwerke (Hrsg). *Il 3. Biologie und Bauen Teil 1.* Institut für Leichte Flächentragwerke. Universität Stuttgart 1971.

Jaekel, O. Über paläontologische Zeichnungen. *Palaeontologissche Zeitschrift,* 2, 1918, (226–228).

Jennings, H. S. Diverse ideals and divergent conclusions in the study of behavior in lower organisms. *American Journal of Psychology,* 21, 1910 (349–370).

Kant, I. *Kritik der reinen Vernuft.* Hamburg (1787) 1998.

Kant, I. *Kritik der Urteilskraft.* Hamburg (1790) 2006.

Kapp, E. *Grundlinien einer Philosophie der Technik: Zur Entstehungsgeschichte der Kultur aus neuen Gesichtspunkten.* Braunschweig 1877.

Kegley, J. History and Philosophy of Science: Necessary Partners or Merely Roommates? In: Tejera, V. (Hg.). *History and Anti-History in Philosophy.* London 2017.

Keilhack, K. *Lehrbuch der praktischen Geologie.* Stuttgart 1908.

Keller, J. Why Sketch? In: Canfield, M. (Hg.). *Field Notes on Science and Nature.* Cambridge 2011.

Keller, S. *Automatic Architecture: Motivating Form After Modernism.* Chicago 2018.

Kern, I. *Husserl und Kant. Eine Untersuchung über Husserls Verhältnis zu Kant und zum Neukantianismus.* Den Haag 1964.

Kiesler, F. J. On Correalism and Biotechnique: A Definition and Test of a New Approach to Building Design. In: Braham, W. W. / Hale, J. A. / Sadar, J. S. (Hg.). *Rethinking Technology*. Abingdon, (1939) 2007.

Kim, S. / Cecilia, C. / Barry, T. Soft robotics: a bioinspired evolution in robotics. *Trends in biotechnology*, 31, (5), 2013, (287–294). *abw—, t v z4o!*

Klein, U. *Experiments, models, paper tools: Cultures of organic chemistry in the nineteenth century*. Stanford 2003.

Klein, U. Technoscience avant la lettre. *Perspectives on Science*, 13, (2), 2005, (226–266).

Klein, U. *Humboldts Preußen. Wissenschaft und Technik im Aufbruch.* Darmstadt 2015.

Klein, U. *Nützliches Wissen. Die Erfindung der Technikwissenschaften.* Göttingen 2016.

Klein, U. *Technoscience in History: Prussia, 1750–1850.* Cambridge 2020.

Klein, U. / Lefèvre, W. (Hrsg). *Materials in Eighteenth-century Science: A Historical Ontology.* Cambridge 2007.

Klemun, M. Verwaltete Wissenschaft – Instruktionen und Forschungsreisen. In: Hipfinger, A. / Löffler, J. / Niederkorn, J. P. / Scheutz, M. (Hg.). *Ordnung durch Tinte und Feder? Genese und Wirkung von Instruktionen im zeitlichen Längsschnitt vom Mittelalter bis zum 19. Jahrhundert.* Wien 2012.

Knippers, J. / Speck, T. Design and construction principles in nature and architecture. *Bioinspiration & biomimetics*, 7 (1) 2012, (015002).

Koerner, L. *Linnaeus. Nature and Nation.* Cambridge 1999.

König, F. *Fossilrekonstruktionen. Bemerkungen zu einer Reihe plastischer Habitusbilder fossiler Wirbeltiere.* München 1911.

Krause, J. / Winfield, A. / Deneubourg, J.-L. Interactive robots in experimental biology. *Trends in ecology & evolution*, 26, (7), 2011, (369–375).

Latour, B. *Science in action: how to follow scientists and engineers through society.* Harvard 1987.

Latour, B. / Woolgar, S. *Laboratory Life: The Construction of Scientific Facts.* Princeton 1979.

Laubichler, M. D. Form and function: historical and conceptual reflections In: Laubichler, M. D. / Maienschein, J. (Hg.). *Form and function in developmental evolution.* Cambridge 2009.

Le Corbusier. The Quarrel with Realism. In: Martin, L. / Nicholson, B. / Gabo, N. (Hg.). *Circle: International Survey of Constructive Art.* London 1937.

Liggieri, K. / Tamborini, M. (Hg.). *Organismus und Technik. Anthologie zu einem produktiven und problematischen Wechselverhältnis.* Darmstadt 2021.

Lienhard, J. / Schleicher, S. / Poppinga, S. / Masselter, T. / Müller, L. / Sartori, J. Flectofin®: A Hinge-less Flapping Mechanism Inspired by Nature. *International Bionic-Award* 2012.

Loeb, J. *The dynamics of living matter.* Columbia 1906.

Lundgren, A. / Bensaude-Vincent, B. (Hrsg). *Communicating Chemistry: Textbooks and Their Audiences, 1789–1939.* Canton 2000.

Martin, L. / Nicholson, B. / Gabo, N. (Hrsg). *Circle: International Survey of Constructive Art.* London 1937.

Mayr, E. Morphology. In: Mayr, E. / Provine, W. B. (Hg.). *The Evolutionary Synthesis: Perspectives on the Unification of Biology.* Cambridge 1980.

Mayr, E. *The Growth of Biological Thought.* Cambridge 1982.

Mayr, E. Thoughts on Evolutionary Synthesis in Germany. In: Junker, T. / Engels, E.-M. (Hg.). *Die Entstehung der Synthetischen Theorie. Beiträge zur Geschichte der Evolutionsbiologie in Deutschland.* Berlin 1999.

Mazzolai, B. Plant-inspired growing robots. In: Laschi, C. / Rossiter, J. / Iida, F. / Cianchetti, M. / Margheri, L. (Hg.). *Soft Robotics: Trends, Applications and Challenges: Proceedings of the Soft Robotics Week, April 25–30, 2016, Livorno, Italy.* Berlin, 2017.

Mazzolai, B. / Laschi, C. A vision for future bioinspired and biohybrid robots. *Science robotics,* 5, (38), 2020, (eaba6893).

Mazzoleni, I. *Architecture Follows Nature-Biomimetic Principles for Innovative Design.* Boca Raton 2013.

McMullin, E. History and philosophy of science: A marriage of convenience?. In: Cohen, R. S. / Hooker, C. A. / Michalos, A. C. / Evra, J. W. (Hg.). *PSA: Proceedings of the Biennial Meeting of the Philosophy of Science Association.* Berlin 1974.

McPhee, J. *Basin and range.* New York 1981.

Menges, A. Morphospaces of robotic fabrication. From theoretical morphology to design computation and digital fabrication in architecture. In: Brell-Çokcan, S. / Braumann, J. (Hg.). *Rob|Arch 2012.* Vienna 2013.

Menges, A. Integration aus Form, Materie und Struktur. In: Cornelie Leopold (Hg.). *Über Form und Struktur – Geometrie in Gestaltungsprozessen.* Wiesbaden 2014.

Menges, A. / Schwinn, T. Manufacturing reciprocities. *Architectural Design,* 82, (2), 2012, (118–125).

Mertins, D. Where architecture meets biology: an interview with Detlef Mertins. *Departmental Papers (Architecture),* 2007.

Moor, J. The Nature, Importance, and Difficulty of Machine Ethics. *IEEE Intelligent Systems,* 21, (4), 2006, (18–21).

Moor, J. Four kinds of ethical robots. *Philosophy Now,* 72, 2009, (12–14).

Mumford, L. The Death of the Monument. In: Martin, L. / Nicholson,

B. / Gabo, N. (Hg.). *Circle: International Survey of Constructive Art.* London 1937.

Nachtigall, W. *Biotechnik. Statische Konstruktionen in der Natur.* Heidelberg 1971.

Nachtigall, W. *Phantasie der Schöpfung. Faszinierende Entdeckungen der Biologie und Biotechnik.* Hamburg 1974.

Nachtigall, W. Bionik als Wissenschaft: Erkennen – Abstrahieren – Umsetzen. Heidelberg 2010.

Naef, A. *Idealistische Morphologie und Phylogenetik.* Jena 1911.

Naef, A. Kritische Biologie und ihre Gliederung. *Vierteljahrsschrift der Naturforschenden Gesellschaft in Zürich,* 68, 1923, (329–334).

Nasim, O. W. *Observing by Hand: Sketching the Nebulae in the Nineteenth Century.* Chicago 2013.

Natorp, P. *Die Logischen Grundlagen der exakten Wissenschaften,* Leipzig 1910.

Nickelsen, K. *Botanists, Draughtsmen and Nature: The Construction of Eighteenth-Century Botanical Illustrations.* Berlin 2006.

Nordmann, A. Im Blickwinkel der Technik: Neue Verhältnisse von Wissenschaftstheorie und Wissenschaftsgeschichte. *Berichte zur Wissenschaftsgeschichte,* 35, (3), 2012, (200–216).

Nordmann, A. The Demise of Systems Thinking: A Tale of Two Sciences and One Technoscience of Complexity. In: Pietsch, W. / Wernecke, J. / Ott, M. (Hg.). *Berechenbarkeit der Welt?* Heidelberg 2017.

Nordmann, A. / Bensaude-Vincent, B. / Schwarz, A. Science vs. Technoscience. *A Primer. Version* 2, 2011.

Nordmann, A. / Radder, H. / Schiemann, G. (Hg.). *Strukturwandel der Wissenschaft: Positionen zum Epochenbruch.* Weilerswist 2014.

Nyakatura, J. / Melo, K. / Horvat, T. / Karakasiliotis, K. / Allen, V. / Andikfar, A. / Andrada, E. / Arnold, P. / Lauströer, J. / Hutchinson, J. R. / Fischer, M. / Ijspeert, A. J. Reverse-engineering the locomotion of a stem amniote. *Nature,* 565, (7739), 2019, (351).

Nyhart, L. N. Historiography of the History of Science. *A Companion to the History of* Science. Chichester 2016.

Otto, F. / Herzog, T. / Schneider, M. *Der Umgekehrte Weg: Frei Otto zum 65. Geburtstag.* Köln 1990.

Otto, F. / Vrachliotis, G. / Kleinmanns, J. / Kunz, M. / Kurz, P. *Frei Otto: Thinking by Modeling.* Leipzig 2017.

Otto, F. Bioligie und Bauen. In: Institut für Leichte Flächentragwerke (Hg.), *IL 3. Biologie und Bauen Teil 1. Institut für leichte Flächentragwerke.* Universität Stuttgart 1971.

Otto, F. / Meissner, I. / Barthel, R. / Brensing, C. *Frei Otto: complete works: lightweight construction, natural design.* Basel 2005.

Park, S.-J. / Gazzola, M. / Park, K. S. / Park, S. / Di Santo, V. / Blevins, E. L. / Lind, J. / Campbell, P. H. / Dauth, S. / Capulli, A. K. Phototactic guidance of a tissue-engineered soft-robotic ray. *Science*, 353, (6295), 2016, (158–162).

Patzelt, O. *Wachsen und Bauen: Konstruktionen in Natur und Technik.* Berlin 1972.

Petersen, H. Skelettprobleme. *Naturwissenschaften*, 10, (15), 1922, (337–344).

Peterson, E. *The life organic: the theoretical biology club and the roots of epigenetics.* Pittsburgh 2016.

Petrie, W. M. F. *Methods & Aims in Archaeology.* London 1904.

Pettoello, R., Questioni di stile e d'altro ancora, *ACME*, 63, (3), 2010.

Pfeifer, R. / Lungarella, M. / Iida, F. Self-organization, embodiment, and biologically inspired robotics. *science*, 318 (5853) 2007, (1088–1093).

Pfeiffer, B. B., (Hg.). *The Essential Frank Lloyd Wright: Critical Writings on Architecture.* Princeton 2010.

Podgorny, I. Ser todo y no ser nada paleontología y trabajo de campo en la Patagonia argentina a fines del siglo XIX. In: Guber, R. / Visacovsky, S. (Hg.). *Historia y estilos de trabajo de campo en la Argentina.* Buenos Aires 2002.

Podgorny, I. Medien der Archäologie. In: Engell, L. / Siegert, B. / Vogl, J. (Hg.). *Archiv für Mediengeschichte – Medien der Antike.* Weimar 2002b.

Podgorny, I. La prueba asesinda. El trabajo de campo y los métodos de registro en la arquelogía de lod inicios del Siglo XX. In: Beltrán López, C. / Gorbach, F. (Hg.). *Saberes Locales, Ensayos sobre historia de la ciencia.* Zamora 2008.

Podgorny, I. Towards a Bureaucratic History of Archaeology. A Preliminary Essay. In: Eberhardt, G. / Link, F. (Hg.). *Historiographical Approaches to Past Archaeological Research. Berlin Studies of the Ancient World.* Berlin 2015.

Potthast, T. Ethics in the sciences beyond Hume, Moore and Weber: taking epistemic-moral hybrids seriously. In: Meisch, S. / Lundershausen, J. / Bossert, L. / Rockoff, M. (Hg.). *Ethics of science in the research for sustainable development.* Baden Baden 2015.

Raj, K. *Relocating modern science.* London 2006.

Raup, D. M. The geometry of coiling in gastropods. *Proceedings of the National Academy of Sciences*, 47, (4), 1961, (602–609).

Raup, D. M. Computer as aid in describing form in gastropod shells. *Science*, 138, (3537), 1962, (150–152).

Raup, D. M. Geometric analysis of shell coiling: General problems. *Journal of Paleontology*, 40, 1967, (1178–1190).

Raup, D. M. Computer as a Research Tool in Paleontology. In: Daniel, F. M. (Hg.), *Computer Applications in the Earth Sciences: An International Symposium*. New York 1969.

Raup, D. M. Approches to Morphologic Analysis. In: Schopf, T. J. M. (Hg.). *Models in Paleobiology*. San Francisco 1972a.

Raup, D. M. Taxonomic Diversity during the Phanerozoic. *Science*, 177, (4054), 1972b, (1065–1071).

Raup, D. M. / Michelson, A. Theoretical morphology of the coiled shell. *Science*, 147, (3663), 1965, (1294–1295).

Raup, D. M. / Seilacher, A. Fossil foraging behavior: computer simulation. *Science*, 166, (3908), 1969, (994–995).

Raup, D. M. / Gould, S. J. / Schopf, T. J. M. / Simberlof, D. Stochastic models of phylogeny and the evolution of diversity. *Journal of Geology*, 81, 1973, (525–542).

Rechenberg, I. *Evolutionstrategie-Optimierung Technischer Systeme nach Prinzipien der Biologischen Information*. Freiburg 1973.

Recki, B. *Kultur als Praxis: eine Einführung in Ernst Cassirers Philosophie der symbolischen Formen*. Berlin 2004.

Recki, B. *Die Vernunft, ihre Natur, ihr Gefühl und der Fortschritt: Aufsätze zu Immanuel Kant*. Paderbon 2006.

Recki, B. *Natur und Technik – eine Komplikation*. Berlin 2021.

Renn, J. T*he Evolution of Knowledge: Rethinking Science for the Anthropocene*. Princeton 2020.

Reuleaux, F. *Theoretische Kinematik. Grundzüge einer Theorie des Maschinenwesens*. Braunschweig 1875.

Rieppel, O. *Phylogenetic systematics: Haeckel to Hennig*. London 2016.

Rieppel, O. Morphology and Phylogeny. *Journal of the History of Biology*, 53, (2), 2020, (217–230).

Riggs, C. Shouldering the past: Photography, archaeology, and collective effort at the tomb of Tutankhamun. *History of Science*. Online first.

Riskin, J., The defecating duck, or, the ambiguous origins of Artificial Life. *Critical Inquiry*, 29, (4), 2003, (599–633).

Riskin, J. *The restless clock: A history of the centuries-long argument over what makes living things tick*. Chicago 2016

Romano, D. / Benelli, G. / Stefanini, C. Encoding lateralization of jump kinematics and eye use in a locust via bio-robotic artifacts. *Journal of Experimental Biology*, 222, (2), 2019.

Romano, D. / Donati, E. / Benelli, G. / Stefanini, C. A review on animal-robot interaction: from bio-hybrid organisms to mixed societies. *Biological cybernetics*, 113, (3), 2019, (201–225).

Rossi, P. *The Dark Abyss of Time*. Chicago 1984.

Roux, W. Beiträge zur Entwicklungsmechanik des Embryo. Nr. V. Über

die künstliche Hervorbringung ›halber' Embryonen durch Zerstörung einer der beiden ersten Furchungszellen, sowie über die Nach-
entwicklung (Postgeneration) der fehlenden Körperhäfte. In: Roux,
W. (Hg.). *Gesammelte Abhandlungen über Entwicklungsmechanik der
Organismen*. Zweiter Band. Leipzig 1988.

Rudwick, M. J. S. *Bursting the Limits of Time: The Reconstruction of Geo-
history in the Age of Revolution*. Chicago 2005.

Rudwick, M. J. S. The inference of function from structure in fossils. *The
British Journal for the Philosophy of Science*. 15, (57), 1964, (27–40).

Ryczko, D. / Simon, A. / Ijspeert, A. J. Walking with Salamanders: From
Molecules to Biorobotics. *Trends in Neurosciences* 2020.

Sadeghi, A. / Mondini, A. / Mazzolai, B. Toward self-growing soft robots
inspired by plant roots and based on additive manufacturing technologies. *Soft robotics*, 4, (3), 2017, (211–223).

Sadeghi, A. / Tonazzini, A. / Popova, L. / Mazzolai, B. A novel growing
device inspired by plant root soil penetration behaviors. *PloS one*, 9,
(2), 2014, (e90139).

Sarasin, P. Was ist Wissensgeschichte? *Internationales Archiv für Sozial-
geschichte der deutschen Literatur* 3, 2011.

Schäffner, W. Verwaltung der Kultur. Alexander von Humboldts Medien (1799–1834). In: Rieger, S. / Schahadata, S. / Weinberg, M. (Hg.).
Interkultularität zwischen Inszenierung und Archiv. Tübingen 1999.

Scheerer, E. Organische Weltanschauung und Ganzheitspsychologie. In:
Graumann, C. F. (Hg.). *Psychologie im Nationalsozialismus*. Heidelberg 1985.

Schelkshorn, H. *Entgrenzungen. Ein europäischer Beitrag zum Diskurs
der Moderne*. Weilerswist 2009.

Schickore, J. More thoughts on HPS: Another 20 years later. *Perspectives
on Science* 19, (4), 2011, (453–8).

Schleicher, S. / Lienhard, J. / Poppinga, S. / Speck, T. / Knippers, J. A me-
thodology for transferring principles of plant movements to elastic
systems in architecture. *Computer-Aided Design*, 60, 2015, (105–117).

Scholl, R. Scenes from a Marriage: On the confrontation model of history and philosophy of science. *Journal of the Philosophy of History* 12,
(2), 2018, (212–238).

Schuchert, C. Directions for collecting and preparing fossils. *Bulletin of
the United States National Museum*, 39, 1895, (5–31).

Secord, J. Knowledge in Transit. *Isis*, 95, (4), 2004, (654–672).

Seilacher, A. Der Röhrenbau von Lanice conchilega (Polychaeta): Ein
Beitrag zur Deutung fossiler Lebensspuren. *Senckenbergiana Mari-
tima: wissenschaftliche Mitteilungen der Senckenbergischen naturforschenden Gesellschaft* 32, 1951.

Seitz, O. / Gothan, G. *Paläontologisches Praktikum*. Berlin 1928.

Simondon, G. *Du mode d'existence des objets techniques*. Paris 1989.

Sepkoski, D. *Rereading the Fossil Record: The Growth of Paleobiology as an Evolutionary Discipline*. Chicago 2012

Sepkoski, D. Simulations, Metaphors, and Historicity in Stephen Jay Gould's ›View of Life'. *Studies in History and Philosophy of Biological and Biomedical Sciences*, 58, 2016, (73–81).

Sepkoski, D. The Earth as Archive. In: Lorraine Daston (Hg.). *Archiving Sciences: Pasts, Presents, Futures*. Chicago 2017.

Sepkoski, D. / Tamborini, M. »An Image of Science«: Cameralism, Statistics, and the Visual Language of Natural History in the Nineteenth Century. *Historical Studies in the Natural Sciences*, 48, (1), 2018, (56–109).

Shapin, S. *Never Pure: Historical Studies of Science as If It Was Produced by People with Bodies, Situated in Time, Space, Culture, and Society, and Struggling for Credibility and Authority*. Baltimore 2010.

Shapin, S. / Ophir, A. The Place of Knowledge: A Methodolgoical Survey. *Science in Context*, 4 1991, (3–21).

Shapin, S. / Schaffer, S. *Leviathan and the Air–Pump. Hobbes, Boyle, and the Experimental Life*. Princeton 1985.

Siegert, B. *Cultural Techniques. Grids, Filters, Doors, and Other Articulations of the Real*. New York 2015.

Sober, E. *Reconstructing the past: parsimony, evolution, and inference*: Cambridge 1991.

Spinello, C. / Yang, Y. / Macrì, S. / Porfiri, M. Zebrafish adjust their behavior in response to an interactive robotic predator. *Frontiers in Robotics and AI*, 6, (38), 2019.

Steadman, P. Research in architecture and urban studies at Cambridge in the 1960s and 1970s: what really happened. *The Journal of Architecture*, 21, (2), 2016, (291–306).

Steadman, P. / Mitchell, L. J. Architectural morphospace: mapping worlds of built forms. *Environment and Planning B: Planning and Design*, 37, (2), 2010, (197–220).

Steinle, F. / Burian, R. Introduction: History of Science and Philosophy of Science. *Perspectives on Science* 10, (4), 2003, (391–97).

Stoddard, M. C. / Yong, E. H. / Akkaynak, D. / Sheard, C. / Tobias, J. A. / Mahadevan, L. Avian egg shape: Form, function, and evolution. *Science*, 356, (6344), 2017, (1249–1254).

Stowers, J. R. / Hofbauer, M. / Bastien, R. / Griessner, J. / Higgins, P. / Farooqui, S. / Fischer, R. M. / Nowikovsky, K. / Haubensak, W. / Couzin, I. D. Virtual reality for freely moving animals. *Nature methods*, 14, (10), 2017, (995–1002).

Stromer, K. H. E. *Paläozoologisches Praktkum*. Berlin 1920.

Stumpf, C. Über den *psychologischen Ursprung der Raumvorstellung*. Leipzig 1873.

Tamborini, M. Die Wurzeln der ideographischen Paläontologie: Karl Alfred von Zittels Praxis und sein Begriff des Fossils. *NTM Zeitschrift für Geschichte der Wissenschaften, Technik und Medizin*, 23, 2015, (117–142).

Tamborini, M. »If the Americans Can Do It, So Can We«: How Dinosaur Bones Shaped German Paleontology. *History of Science*, 54, (3), 2016, (225–256).

Tamborini, M. »From the Known to the Unknown or Backwards«: Visualization and Conceptualization of Paleontological Time in Nineteenth Century Paleontology. In: Sibylle, H. / Baumbach, L. / Oschema, K. (Hg.). *The Fascination with Unknown Time*. London 2017.

Tamborini, M. Challenging the Adaptationist Paradigm: Morphogenesis, Constraints, and Constructions. *Journal of the History of Biology*, 53, (2), 2020a, (269–294).

Tamborini, M. Technoscientific Approaches to Deep Time. *Studies in History and Philosophy of Science Part A*, 79, (1), 2020b, (57–67).

Tamborini, M. The Twentieth-Century Desire for Morphology. *Journal of the History of Biology*, 53, (2), 2020c, (211–216).

Tamborini, M. *The Architecture of Evolution: The Science of Form in Twentieth-Century Evolutionary Biology*. Pittsburgh 2022.

Tamborini, M. The Circulation of Morphological Knowledge: Understanding ›Form‹ across Disciplines in the Twentieth and Twenty-First Centuries. *Isis*, 4, (113), 2022b.

Tamborini, M. Philosophie der Bionik: Das Komponieren von bio-robotischen Formen. *Deutsche Zeitschrift für Philosophie*, im Erscheinen.

Taube, M. What good is bionics? In: Robinette, J. C. (Hg.). *Living prototypes – the key to new technology: Bionics Symposium; 13-14-15 September 1960*. Ohio 1960.

te Heesen, A. Accounting for the Natural World. Double-Entry Bookkeeping in the Field. In: Schiebinger, L. / Swan, C. (Hg.). *Colonial Botany: Science, Commerce, and Politics in the Early Modern World*. Philadelphia 2005.

Terranova, C. / Tromble, M. (Hg.). *The Routledge Companion to Biology in Art and Architecture*. London 2016.

Terranova, C. *Art as Organism: Biology and the Evolution of the Digital Image*. London, New York 2015.

Terzidis, K. *Expressive Form: A Conceptual Approach to Computational Design*. London 2004.

Terzidis, K. *Algorithmic Architecture*. London 2006.

Thompson, D. W. *On Growth and Form.* Cambridge (1917) 1942.

Tresch, J. *The romantic machine: Utopian science and technology after Napoleon.* Chicago 2012.

Turner, D. Local Underdetermination in Historical Science. *Philosophy of Science*, 72, (1), 2005, (209–230).

Turner, D. *Paleontology a Philosophical Introduction.* Cambridge 2011.

Vercellone, F. / Tedesco, S. *Glossary of Morphology.* Heidelberg 2020

Vogel, S. *Cats' paws and catapults: Mechanical worlds of nature and people.* New York 2000.

Waddington, C. *Behind appearance: A study of the relations between painting and the natural sciences in this century.* Cambridge 1970.

Wainwright, D. K. / Lauder, G. V. Tunas as a high-performance fish platform for inspiring the next generation of autonomous underwater vehicles. *Bioinspiration & Biomimetics*, 15, (3), 2020, (035007).

Wainwright, S. A. / Biggs, W. D. / Currey, J. D. / Gosline, J. M. *Mechanical design in organisms.* London 1976.

Webster, G. / Goodwin, B. *Form and Transformation: Generative and Relational Principles in Biology.* Cambridge 1996.

Wertheimer, M. *Max Wertheimer and Gestalt Theory.* London 2017.

Wiener, N. *Cybernetics: or Control and Communication in the Animal and the Machine.* Cambridge (1948) 1965.

Wittmann, B. Outlining Species: Drawing as a Research Technique in Contemporary Biology. *Science in Context*, 26, (2), 2013, (363–391).

Wong, K. *RoboFossil Reveals Locomotion of Beast from Deep Time.* 2019. https://www.scientificamerican.com/article/robofossil-reveals-locomotion-of-beast-from-deep-time/.

Yang, G.-Z. / Bellingham, J. / Dupont, P. E. / Fischer, P. / Floridi, L. / Full, R. / Jacobstein, N. / Kumar, V. / McNutt, M. / Merrifield, R. The grand challenges of Science Robotics. *Science robotics*, 3, (14), 2018, (eaar7650).

Zammito, J. History / Philosophy / Science: Some Lessons for Philosophy of History: A Review Article of Hans-Jörg Rheinberger, On Historicizing Epistemology. *History and Theory* 50, 2011, (390–413).

Zammito, J. *The gestation of German biology. Philosophy and physiology from Stahl to Schelling.* Chicago 2017.

Zhu, J. / White, C. / Wainwright, D. / Di Santo, V. / Lauder, G. / Bart-Smith, H. Tuna robotics: A high-frequency experimental platform exploring the performance space of swimming fishes. *Science Robotics*, 4, (34), 2019, (4615).

Marco Tamborini lehrt und forscht im Bereich Wissenschaftstheorie, Technikphilosophie und -geschichte am philosophischen Institut der Technischen Universität Darmstadt. Er ist Mitglied der Jungen Akademie | Mainz sowie der Johanna Quandt Young Academy at Goethe.

Er war Pre-Doc am Max Planck Institute für Wissenschaftsgeschichte und Visiting Fellow am Clare Hall Cambridge, College for Advanced Studies, sowie Gastwissenschaftler an der Scuola Normale Superiore Pisa und am Bio-Robotics Institute – Sant'Anna School of Advanced Studies.

Seine Forschungsschwerpunkte liegen im Bereich der Geschichte und Philosophie der Evolutionsbiologie, der Morphologie, der Robotik, der Bionik, der bioinspirierten Architektur, der KI und der Paläontologie sowie der Geschichte und Philosophie der Technowissenschaften. Sein letztes Buch, *The Architecture of Evolution: The Science of Form in Twentieth-Century Evolutionary Biology*, wurde von der University of Pittsburgh Press veröffentlicht.